W0373555

Energiesparhäuser

Christoph Gunßer

# Energiesparhäuser

## Neue Konzepte aus Deutschland, Österreich und der Schweiz

Deutsche Verlags-Anstalt
München

Bibliografische Information Der Deutschen Bibliothek
Die Deutsche Bibliothek verzeichnet diese Publikation in der Deutschen Nationalbibliografie; detaillierte bibliografische Daten sind im Internet über http://dnb.ddb.de abrufbar.


Grafische Gestaltung: Iris von Hoesslin, München
Lithographie: reproteam siefert, Ulm
Druck: Jütte-Messedruck GmbH, Leipzig
Bindung: Kunst- und Verlagsbuchbinderei GmbH, Leipzig
Printed in Germany

ISBN 3-421-03402-8

# Inhalt

# Komfort und Verantwortung

## Energiesparhäuser als Gestaltungsaufgabe

Warum beim Bauen und Bewohnen von Häusern mit Energie sparsam umgegangen werden sollte, darüber müssen wohl nicht mehr viele Worte verloren werden: Klimawandel und Ressourcenverknappung sind keine düsteren Prophezeiungen notorischer Skeptiker mehr, sondern Realität. Marktwirtschaftliche Mechanismen beginnen, vom Gesetzgeber unterstützt, zu greifen. Der Primärenergieverbrauch sinkt, zumindest in Mitteleuropa, weil Autos, Geräte, Häuser effizienter und Verbraucher in ihrem Verhalten bewußter geworden sind. Dabei bewegen wir uns allerdings, global betrachtet, weiter auf sehr hohem Niveau – noch immer sind zwanzig Prozent der Menschheit für achtzig Prozent des Ressourcenverbrauchs verantwortlich. Das qualitative Wachstum, das den Wohlstand vom Energiekonsum abkoppelt, muß noch viel entschlossener und kreativer betrieben werden, soll es zu einer Trendumkehr kommen.

Der Bausektor bietet ein gutes Beispiel für die Schwierigkeiten echten qualitativen Wachstums. Einerseits geben der Energieeinsparung dienenende Investitionen der Branche inzwischen die wichtigsten, ja, man kann sagen, die letzten Impulse. Im häuslichen Bereich wird schließlich rund ein Drittel der Primärenergie eingesetzt. Was der Bauherr jetzt für Dreischeibenverglasung, Superdämmung und Solarkollektoren mehr bezahlt, hofft er bei der Heizkostenrechnung später wieder hereinzubekommen.

**Die wahren Kosten der Zersiedelung**
Andererseits – und das haben unter anderen die Forscher vom Wuppertal Institut in ihren bahnbrechenden Studien nachgewiesen – ist das Bauen heute in einen überaus komplexen Stoffkreislauf eingebunden. Die verschiedenen Baustoffe sind bei Herstellung, Nutzung und Entsorgung höchst unterschiedlich zu bewerten – sie schleppen »ökologische Rucksäcke« oder »graue Energie« mit sich herum, die meist noch überhaupt nicht in »wahren« Marktpreisen zum Ausdruck kommt (etwa bei Recycling-Baustoffen). Ist es beispielsweise zu rechtfertigen, ein Solarhaus mit einer Aluminiumfassade auszustatten, wie in der SolarCity in Linz geschehen? Werden sich vierzig Zentimeter Superdämmung in dieser Hinsicht jemals ökologisch amortisieren (sie tun dies schon ökonomisch oftmals nicht)?

Auch bei der Infrastruktur löst ein Gebäude Folgekosten vom Faktor vier und mehr aus, je nach Bauform. Wer also heute ein hocheffizientes Energiesparhaus auf billigem Baugrund irgendwo an der Peripherie errichtet und dafür künftig mit dem Auto nur zehn, fünfzehn Kilometer weiter zur Arbeit fährt als bisher, der hat seine persönliche Öko-Bilanz trotz des schicken Solarhauses dauerhaft verpfuscht. Teure Straßen, Lärm und Streß sind die oft verschwiegenen, teilweise schwer meßbaren Folgekosten für die Allgemeinheit. Die Verlagerung der Umweltbelastung vom Schornstein im Haus zum Auspuff im Auto ist keine Lösung der Ressourcen- und der Klimakrise – das ist eigentlich leicht einzusehen. Dennoch gibt es diese Verlagerung, von Fiskus und Fördergeldern unterstützt, immer häufiger. Die Internalisierung dieser externen Kosten ist beim Bauen wie in der übrigen Wirtschaft noch wenig entwickelt. In der »Wissensgesellschaft« sollten Bauherren und Architekten dennoch versuchen, verantwortlich zu handeln.

**Ökologie privat und global**
Der Grundwiderspruch vieler »Ökohäuser«, daß die größere Harmonie des einzelnen (in Form von Wohngesundheit, Ruhe und Naturnähe) durch die Belastung der anderen (durch mehr Landschaftsverbrauch, Verkehr etc.) erreicht – und noch nicht einmal erkauft! – wird, bleibt also bestehen. Wissenschaftler unterscheiden hier zwischen der Subjektökologie und der Globalökologie.

Subjektökologisch bemüht man/frau sich um gesunde Nahrung, sanfte Medizin, ein harmonisches Haus in heiler Umgebung, scheut indes Konsequenzen im Sinne der Globalökologie. Diese betrifft insbesondere die Siedlungsmuster, greift aber weit in die gängigen Lebensweisen ein. Allzu oft stehen die zwei Sichtweisen im kompletten Gegensatz zu einander. Ob die sich in den letzten Jahren mehrenden Beispiele revitalisierter städtischer oder zumindest stadtnaher Quartiere und Energiesparsiedlungen (siehe Literatur) hier Zeichen für einen grundlegenden Wandel sind, bleibt abzuwarten. Bei einem den Menschen so nahegehenden Thema wie dem Wohnen sind Marktanreize (im Sinne der Internalisierung externer Kosten, siehe oben) und politische Lenkung (gebietsbezogene Förderung, Weitergabe der wahren Kosten des Individualverkehrs und des Flächenverbrauchs an die Verursacher) gewiß nur ein Aspekt.

**Vom Experiment zur Marktreife**
Nach Jahren, teils Jahrzehnten des Experimentierens und der Rückschläge – erinnert sei nur an die Anfang der achtziger Jahre auf Bundesinitiative entstandenen Solarhäuser in Landstuhl – befinden sich die meisten Konzepte und Techniken für energiesparende Häuser im Stadium der Marktreife. Bauherren können heute davon ausgehen, daß Wärmedämmverbundsysteme keine Risse kriegen, Wände nicht schimmeln, Kollektoren nicht undicht werden und die Lüftungsanlage weder dröhnt noch Keime im Haus verteilt.

Auch bei Gebäudegeometrie und Grundrissen hat sich eine gewisse Vereinheitlichung durchgesetzt. Die Minimierung der Energieverluste scheint in Mitteleuropa (wie in Skandinavien) die vorherrschende Sparstrategie zu werden: Hochkompakte Gebäude und bis zu vierzig Zentimeter stark gedämmte Wände, dazu die mechanische Zwangslüftung, um Lüftungsverluste zu vermeiden – diese Kombination setzt sich, begünstigt durch verschärfte gesetzliche Standards und Förderungen, gegenwärtig immer mehr durch. Wintergärten und andere Wege der Maximierung des Energieeintrags sind eher selten geworden, die »thermische Zwiebel«, bei der Pufferräume um einen zentralen Allraum gruppiert wurden, ist meist auf die Nord-Süd-Zonierung reduziert, bei der Flure und Nebenräume den Rücken der Gebäude bilden. Das moderne »Durchwohnen« von Ost nach West findet sich kaum mehr.

Im »Energietresor« besteht die Eingangsseite so im Extremfall aus einer Klimaschleuse und den Wickelfalzrüsseln der Lüftungsanlage. Daß so zwanglose nachbarliche Kontakte erschwert werden, liegt auf der Hand. Die zwecks ganzjähriger Besonnung der Südfronten nötigen Abstände der Gebäude tun ein übriges, um die Nachbarschaft in derlei Quartieren oft recht unwirtlich zu gestalten. In den meisten, auch den in diesem Buch gezeigten Häusern ist man aber Kompromisse eingegangen – Häuser müssen weit mehr leisten als nur Energie sparen! Noch radikalere Konzepte der Oberflächenminimierung, etwa in Bolidenform, konnten sich denn auch bislang nicht durchsetzen.

**Architektur sparen – Energie gewinnen?**

Die Skepsis der Architekten gegenüber dem forcierten Energiesparen scheint indes mehr und mehr zu schwinden. Noch vor zehn Jahren wurden einschlägig interessierte Planer von ihren »künstlerischen« Kollegen nur belächelt. Die Hauptimpulse, etwa für das Passivhaus, kamen so auch von Fachingenieuren, insbesondere Bauphysikern. Die Komponenten des energiesparenden Bauens, etwa die rasant verbesserten Gläser und Fenster, Lüftungsanlagen, auch neue Holzbauweisen, sind Standard, doch es müssen deshalb keine Standardhäuser entstehen.

Dieses Buch will zeigen, daß es noch immer beträchtliche gestalterische Spielräume für Energiesparhäuser gibt. Dabei begibt es sich – nach dem gewiß konsequenteren Vorgängerbuch über Energiesparsiedlungen (siehe Literatur) – auf eine pragmatischere Ebene. Gerade im ländlichen Bereich ist das freistehende Einfamilienhaus, an sich wegen seiner vielen Außenwandflächen und der oben genannten Implikationen ein Energieverschwender, noch immer weit verbreitet. Und gerade hier schlagen Versuche, energiesparend zu bauen, oft genug ästhetisch fehl. Die Integration der Solartechnik in die Dachlandschaft ist beispielsweise ein weithin ungelöstes Problem. Mehrere Projekte zeigen im folgenden überzeugendere (und wirksamere) Fassadenkollektoren.

Die gegenwärtige Renaissance des Holzes (als innovativer Bau- und als Brennstoff), die sich in bemerkenswert ästhetischen Beispielen zeigt, ist überdies ein eher ländliches Phänomen. Richtig verwendet, weist der nachwachsende Rohstoff Holz gegenüber konventionellen Bauweisen eine günstigere Ökobilanz auf. Die Möglichkeit der Vorfertigung verkürzt überdies die Bauzeit, und nicht zuletzt sparen die geringeren Wandstärken im Holzbau Fläche.

**Fläche sparen ist effizienter**

Die wirksamste Energiesparmaßnahme wäre eine Reduzierung des Flächenverbrauchs, da dieser hohe Herstellungs-, Betriebs- und Folgekosten verursacht. Verdichtetes Bauen findet inzwischen fast nur noch in Form von Reihenhäusern statt, die eine Serienfertigung vieler Bauteile ermöglichen.

In dieses Buch wurden einige innovative Beispiele aufgenommen, die aufgrund ihrer Kompaktheit entweder ganz ohne konventionelle Heizung auskommen oder an ein Nahwärmenetz angeschlossen sind – in puncto Effizienz ein großes Plus gegenüber Einzelheizungen.

Zwei Projekte am Schluß des Buches weisen mögliche andere Wege der Energieeinsparung und Effizienzsteigerung, die heute noch selten begangen werden: ein städtischer Geschoßwohnungsbau im Passivhausstandard (aufgrund der starken Immissionsbelastung haben hier Zwangslüftungssysteme ihre besondere Berechtigung) und ein Geschoßbau in Strohballenbauweise. Als Holzkonstruktion, lehmverputzt, ist das Haus nach Gebrauch fast vollständig kompostierbar – ein Aspekt, der bei allzu vielen Energiesparhäusern außer acht gelassen wird.


Dieter Hoffmann-Axthelm: Anleitung zum Stadtumbau. Campus: Frankfurt 1996

Norbert Gestring, Hartwig Heine, Rüdiger Mautz, Walter Siebel: Ökologie und urbane Lebensweise. Vieweg: Braunschweig 1997

Norbert Fisch, Bruno Möws, Jürgen Zieger: Solarstadt. Konzepte, Technologien, Projekte. Kohlhammer: Stuttgart 2000

Christoph Gunßer: Energiesparsiedlungen. Konzepte – Techniken – realisierte Beispiele. Callwey: München 2000

Christoph Gunßer: Wohnen und Arbeiten in der Stadt. DVA: München 2003

Heike Strelow, Vera David (Hg.), initiiert von Herman Prigann: Ökologische Ästhetik. Theorie und Praxis einer künstlerischen Umweltgestaltung. Birkhäuser: Basel 2004

# Wichtige Begriffe rund um das Energiesparhaus

**Amortisierung**
Bei Energiesparhäusern stellt sich die Frage, ob sich der Mehraufwand beispielsweise für stärkere Dämmschichten auf absehbare Zeit durch Einsparung von Heizkosten »rechnet«, amortisiert. In die Berechnung sollte die »graue Energie« einbezogen werden, die bei der Herstellung des Baustoffs aufgewendet wurde.

**Energieverbrauch**
Den Energieverbrauch geben konkret der spezifische Heizwärmebedarf eines Gebäudes und die Energiekennzahl an; sie beziffern die jährlich für die Erwärmung eines Quadratmeters beheizter Fläche aufzuwendende Energie. Doch da die Berechnungen variieren, je nachdem, ob man etwa den Haushaltsstrom oder die Bezugsfläche einbezieht, sind Vergleiche schwierig.

**Energieverbrauchsstandards**
In Deutschland regelt diese Standards derzeit die Energieeinsparverordnung EnEV, in der Schweiz die Norm SIA 380/1; ferner gibt es freiwillige höhere Standards wie den Passivhaus- (Deutschland) oder den Minergie-P-Standard (Schweiz).

**Graue Energie**
Von der Gewinnung der Rohstoffe bis zum Einbau eines Baumaterials oder Bauteils muß oft eine beträchtliche Menge an Energie aufgewendet werden, die man »graue Energie« nennt. Diese Energiemenge sollte in die Überlegungen bei der Baustoffwahl eingehen. Viele Energiesparbauweisen sind in dieser Hinsicht sehr aufwendig, zumal dann, wenn die Entsorgung mit einbezogen wird; dies gilt beispielsweise für Bauweisen, die synthetische Produkte aus Erdöl einsetzen. (vgl. Minergie.ch)

**Null- und Plusenergiehaus**
Beide Begriffe bezeichnen Häuser, die durch aktive Solarenergienutzung zum Kraftwerk werden und mehr Energie erwirtschaften, als sie selbst benötigen. Sie sind allerdings nicht von Standards geschützt, und sie sollten auch den Herstellungsaufwand (graue Energie) einbeziehen. (vgl. Rolfdisch.de)

**Passivhaus**
Der nicht eben attraktive Begriff wurde vom Passivhaus-Institut in Darmstadt Anfang der neunziger Jahre geprägt und findet seither beachtliche Verbreitung in Europa. Der Passivhaus-Standard begrenzt die jährliche Heizleistung auf 15 W/m², den Jahresprimärenergiebedarf auf 120 kWh/m² (Haushaltsstrom zählt mehrfach). Der Standard fordert eine kontrollierte Lüftung als einzige Heizung (»Häuser ohne Heizung«). Erreichbar ist er nur durch »Superdämmung« und Dreifachverglasung, was entsprechend aufwendige, zuweilen unansehnliche Konstruktionen und hohe Investitionen erfordert, aber sehr geringe Betriebskosten bedeutet. Es empfiehlt sich, Amortisierungszeiten und auch architektonisch-räumliche Folgen sorgfältig in die Überlegungen einzubeziehen. (vgl. Passiv.de, Passivehouse.com)

**Minergie und Minergie-P**
Schweizerische Energiesparstandards, definiert durch die gewichtete Energiekennzahl Wärme, die den Energieaufwand für Raumheizung, Wassererwärmung, elektrische Lufterneuerung und Raumklimatisierung angibt. Bei Minergie darf diese Kennzahl 42 kWh pro m² und Jahr betragen, bei Minergie-P 30 kWh/m²a. Bei Minergie-P werden konventionelle Heizungen ausgeschlossen und Ansprüche an die Luftdichtigkeit der Gebäudehülle sowie den Stromverbrauch von Haushaltsgeräten gestellt. (vgl. Minergie.ch)

**TJI-Träger, auch Doppelstegträger**
Im energieeffizienten Holzbau häufig verwendete, da relativ leichte Fachwerkträger, die sich besonders für hochgedämmte Dach- und Deckenkonstruktionen eignen.

**Transparente Wärmedämmung**
Transparente Wärmedämmung besteht in meist aus lichtdurchlässigem und zugleich dämmendem Kunststoff hergestellten, noch recht teuren Fassadenelementen. Diese sind meist Teile von solaren Heizwänden, die eindringende Sonnenwärme speichern und zeitverzögert an den Innenraum abgeben.

# Neue Beispiele
für Energiesparhäuser

# Einfach groß

## Einfamilienhaus in Klaus
## Architekt: k_m Architektur, Lindau/Bregenz

**Die Holzhäuser des Architekten Daniel Sauter im ländlichen Vorarlberg bestehen oft aus einfachen, kantigen Quaderformen, die in einem scharfen Kontrast zur natürlichen Umgebung stehen. Dieses Vokabular ist an dem Standort über dem alten Dorf Klaus ins Skulpturale gesteigert. Gleichwohl handelt es sich um ein relativ kleines, Energie sparendes Haus mit lokalen Bezügen.**

Von dem steilen Südosthang geht der Blick ins Rheintal und in die Schweizer Berge. Auf dem an einen Fels erinnernden Betonsockel erhebt sich das Haus aus Wandscheiben im Norden und Westen. Süd- und Ostseite sind großzügig in Glasflächen aufgelöst; hier definieren Brüstungsbänder den Baukörper. Die Lärchenholzschalung stellt den Bezug zum nahen Wald her.

Im völlig offen gehaltenen Erdgeschoß sind die Bereiche Wohnen, Essen und Kochen nur durch den freistehenden Kamin getrennt, der in der Übergangszeit den gesamten Wohnbereich heizt. Für Warmwasser sorgen Kollektoren auf dem Flachdach.

Eine der Nordseite folgende einläufige Treppe führt ins Obergeschoß mit den drei Kinderzimmern, dem Bad und dem Bereich der Eltern. Trotz der geringen Wohnnutzfläche von 120 Quadratmetern entstand so ein großzügiges Haus für eine Familie, die rund zwanzig Prozent der Handwerksleistungen selbst erbracht hat.

Dank Elementbauweise wurde das Haus in nur vier Monaten errichtet und ausgebaut.

Lageplan

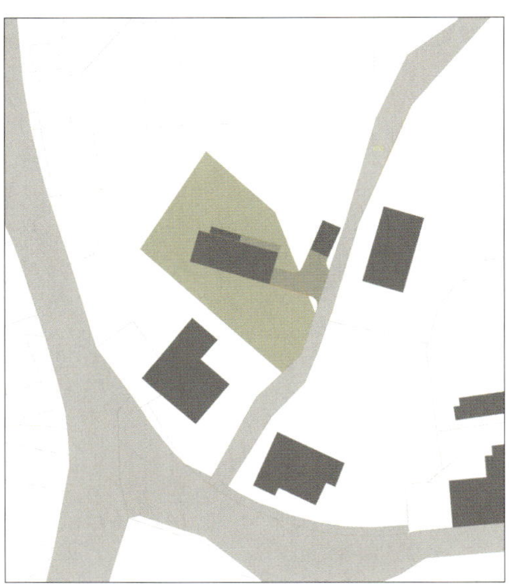

Bauherr: privat
Architekt: k_m Architektur, Daniel Sauter, Lindau/Bregenz
Holzbau: Neuhauser Holzbau, Nenzing
Konstruktion, Energiekonzept: Holzelementbauweise aus Vollholz auf Streifenfundamenten, 24 cm Mineralwolle, einzelne Stahlstützen hinter der Dreifachverglasung, Holzofen, Solarkollektoren für Warmwasser, Wärmebedarf 49,7 $kWh/m^2a$
Wohnnutzfläche: 120 $m^2$
Bauzeit: 2004, Erd- und Betonarbeiten: 2 Monate; Fassade und Ausbau: 2 Monate
Standort: oberhalb von A–Klaus, Vorarlberg

links und oben: Blick aus Südwesten
unten: Südostansicht mit dem Zugang

Querschnitt

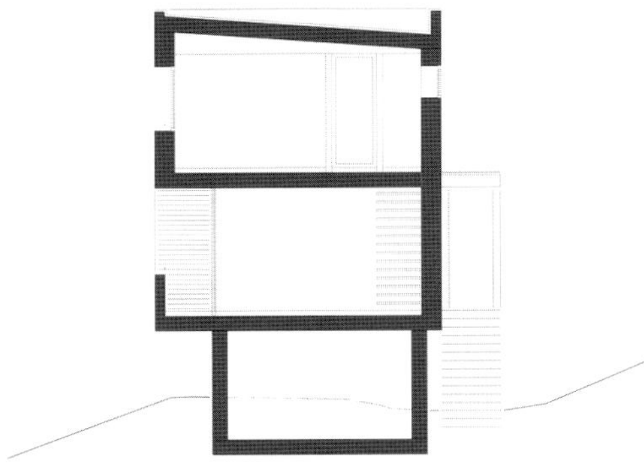

Längsschnitt

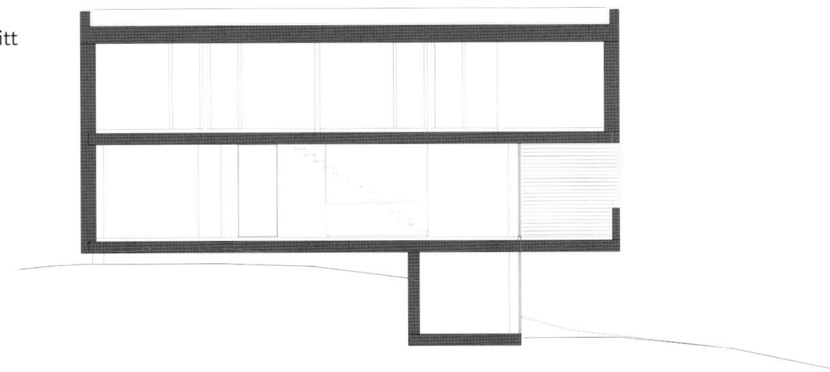

Obergeschoß

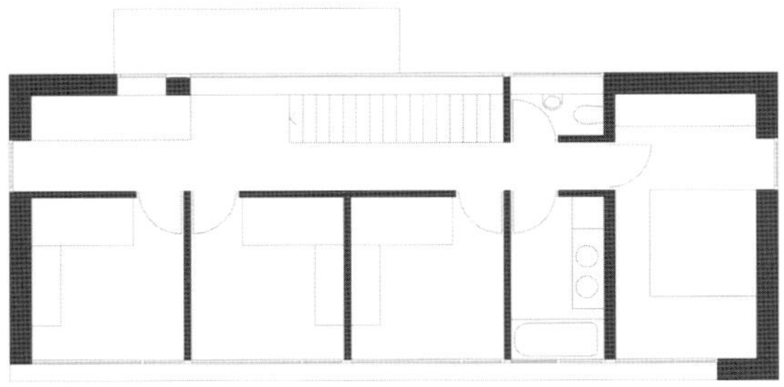

Erdgeschoß

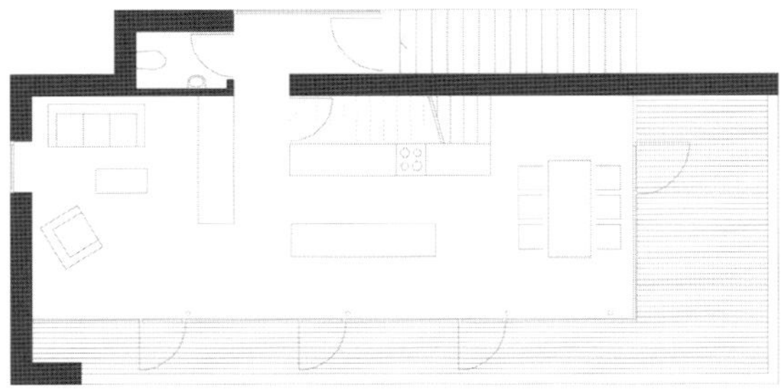

Blick über die Rhein-
ebene nach Süden

Der große Wohnraum und der davorliegende Südbalkon

# Moderne Villa im Weinberg

## Einfamilienhaus in Azmoos
## Architekten: Keller und Brandner, Vaduz/Sevelen

**Oberhalb des Rheintals, mit Blick in die Schweizer Bergwelt, wurde dieses großzügige, aber zurückhaltend gestaltete Haus ganz auf die Aussicht hin angelegt – und auf Energieeinsparung: Durch große Öffnungen nach Süden, hochgedämmte Außenwände und eine Lüftungsanlage erfüllt es den Minergiestandard.**

Am Hang über Azmoos treffen Welten aufeinander: Verwitterte Bauernhäuser inmitten von Wiesen, die früher einmal Weinberge waren, und nach und nach ins Grüne herauf gewachsene Einfamilienhäuser. Die Lage quer zum Hang hat das Haus mit den alten und den künftigen Gebäuden gemein, doch im übrigen hebt sich der helle Quader klar und platonisch ab. Ganz in der Tradition der Moderne prägen hellgrauer Putz und bündig darin eingefügte horizontale Fensterbänder sein Äußeres. Da der Quader durch ein großes Deck ergänzt wird, fühlt man sich ein wenig an ein Schiff erinnert.

Seine Kompaktheit, die Zonierung der Grundrisse und die selektiv gesetzten Öffnungen – nach Süden und Westen breite Bänder, nach Norden und Osten nur Schlitze – machen das Haus trotz der großen Geste zu einem Energiesparhaus. Oberhalb des Betonsockels wurde es weitgehend aus Ziegeln errichtet und mit zwanzig Zentimeter Außendämmung versehen. Schlanke Stützen hinter den Fensterbändern helfen, die großen Spannweiten zu überbrücken.

Die drei Ebenen, von der Vorfahrt im Westen im Erdgeschoß erschlossen, sind konsequent gegliedert: Schlafzimmer im Erdgeschoß, Hauswirtschafts- und Hobbyräume, möglicherweise auch eine Einliegerwohnung, im Untergeschoß liegen an schmalen Fluren jeweils nach Süden, im Norden die Nebenräume. Gewohnt wird im 2,90 Meter hohen Obergeschoß mit der über Eck geführten, geschoßhohen Fensterfront. Hier sind die dienenden Funktionen in Raumtaschen angefügt. Treppen und Einbauten in lackiertem Holz, der helle Parkettboden und der Lärchenholzrost der Terrasse stehen im Kontrast zum weiß gestrichenen Glattputz der Wände. Ein alter Nußbaum beschirmt die Terrasse. Das Flachdach wurde extensiv begrünt.

Durch die hohen solaren Energiegewinne, die starke Dämmung und den Einbau einer Komfortlüftung erreicht das Haus den schweizerischen Minergiestandard.

Bauherr: Familie Elsensohn
Architekten: Keller und Brandner, Vaduz/Sevelen
Konstruktion, Energiekonzept: Massivbau mit 20 cm Außendämmung, verputzt, Minergiestandard, Komfortlüftung, extensive Dachbegrünung
Grundstücksfläche: 779 m²
Geschoßfläche: 374 m²
Baukosten: 500 000 Euro BKP 2, 1337 Euro/m² Geschoßfläche total
Bauzeit: 3–11/2003
Standort: Müliwingert, CH-9478 Azmoos SG

Totale von Süden

Lageplan

Längsschnitt

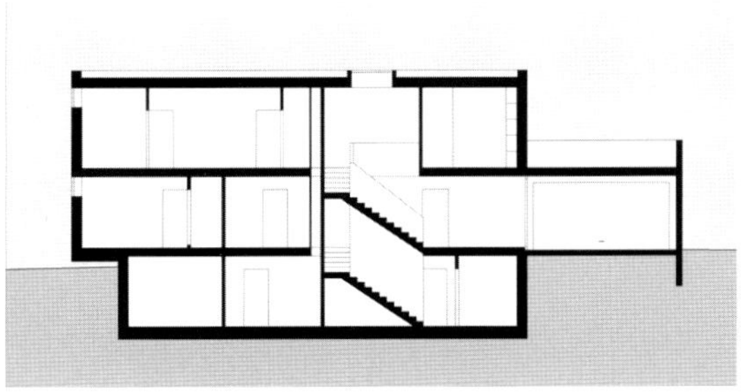

Obergeschoß

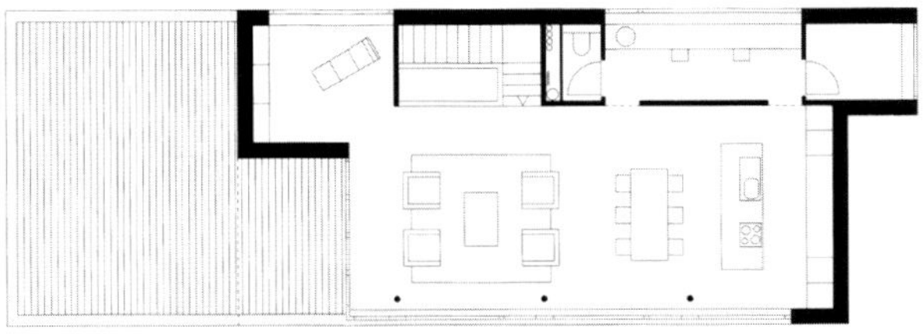

Eingangsgeschoß

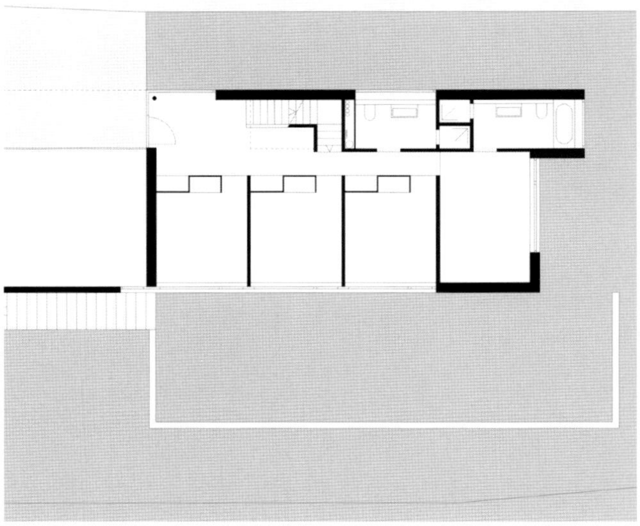

Hanggeschoß

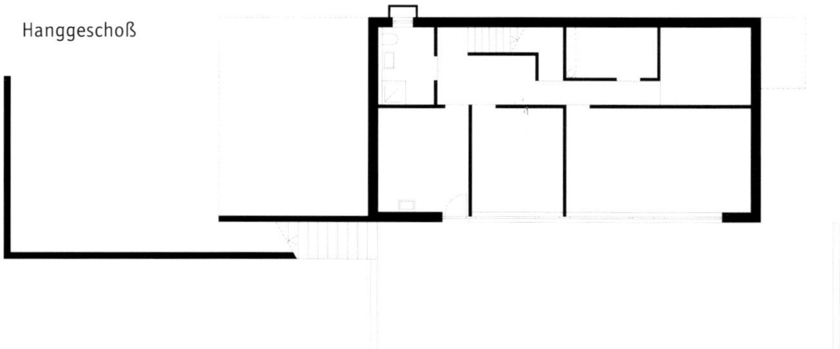

Der große Wohnraum
im Obergeschoß,
Richtung Osten (oben)
und Westen zur
Dachterrasse geblickt

Der lichte Aufgang vom Eingangsbereich ins Obergeschoß

# Camouflage am Steilhang

## Einfamilienhaus in Wuppertal
## Architekt: Ingo Hanel, Wuppertal

**Häuser am Hang sind nicht nur aus statischen Gründen problematisch. Sie sind auch weithin sichtbar und können das Landschaftsbild erheblich stören. Das Holzhaus in Wuppertal, formal klar und erhaben, ist durch seine Verkleidung getarnt – und schont auch sonst die natürlichen Ressourcen.**

Das 900 Quadratmeter große Grundstück galt als unbebaubar. Es liegt an der Kante eines Höhenzugs und fällt extrem steil nach Südosten ab. Die Aussicht indes ist überwältigend: Man blickt über ganz Wuppertal bis nach Hagen und Schwelm.

Durch Abfangung des Hangs mit einer drei Meter hohen Stützmauer und die tiefe Verankerung der Pfahlgründung im tragfähigen Fels gelang es, eine stabile Bodenplatte aus Stahlbeton zu errichten. Darauf wurde in leichter Holzrahmenbauweise der annähernd würfelförmige Baukörper von rund neun Metern Kantenlänge gestellt, und zwar nicht als vorgefertigter Elementbau, sondern vor Ort, da die Zufahrtsstraße für große Lastwagen zu schmal ist. Die Gefache wurden mit zwölf Zentimetern Mineralwolle gedämmt und mit zwei Lagen Holzweichfaserplatten nach außen hin abgedichtet. Innen folgen OSB-Platten, die sechs Zentimeter schmale, gedämmte Installationsebene und Gipskarton. So weit ein üblicher Holzbau.

Einzigartig wird das Bauwerk durch seine Wetterhaut aus dem afrikanischen Hartholz Denya. Es wird sonst überwiegend im Wasserbau verwendet, ist also hochbeständig. Der Architekt versichert, von diesem Tropenholz wachse mehr nach als geschlagen werde oder von selbst umstürze.

So entstand die durch keinerlei Dachüberstand geschützte Fassade aus 27 Millimeter starken, geriffelten, waagerecht montierten Bohlen dieses Holzes; auch die umlaufenden Balkone und ihre filigranen Geländer sowie die Dachterrasse bestehen aus diesem Holz, das in seinen changierenden Graubrauntönen wie vorpatiniert mit dem umgebenden Wald harmoniert. Ein Einzelfall, trotz der Dauerhaftigkeit kein Vorbild für besonders ökologisches Bauen, gewiss.

Die großen Öffnungen an den Talseiten, mit einem hohen Anteil Festverglasung, sind annähernd bündig in die Fassade gesetzt, die Fenster wurden aus unbehandelter Dusie gefertigt, um eine gleichmäßige Vergrauung des Baukörpers zu erreichen.

Das an der Bergseite herausgerückte Treppenhaus und das »Penthouse« scheinen den Würfel in seiner prekären Lage zu stabilisieren (tatsächlich ruht er aber auf fünf Punkten, vergleichbar einem Spielwürfel). Alle vier Ebenen sind innerhalb des Konstruktionsrasters völlig offen organisierbar, die unterste läßt sich als Einliegerwohnung abkoppeln, die Nebenräume gruppieren sich um den Treppenhauskern im Norden. Im ganzen Haus wurde ein Holzdielenboden verlegt.

Über die nahezu optimale Kompaktheit des Würfels hinaus (mit dem Manko der zu einer »sechsten Fassade« führenden Aufständerung) sind einige energiesparende Extras zu nennen: Sechzehn Quadratmeter thermische Solarkollektoren speisen einen 2200 Liter fassenden Pufferspeicher und den 300 Liter fassenden Warmwasserspeicher. Daß der Pufferspeicher bei Bedarf über Nachtstrom nachgeladen wird, mag ökologisch etwas fragwürdig sein. Die Heizkosten schlugen aber bislang mit nur rund 600 Euro im Jahr zu Buche. Das Regenwasser wird in einer Zisterne für 5000 Liter gesammelt.

Lageplan

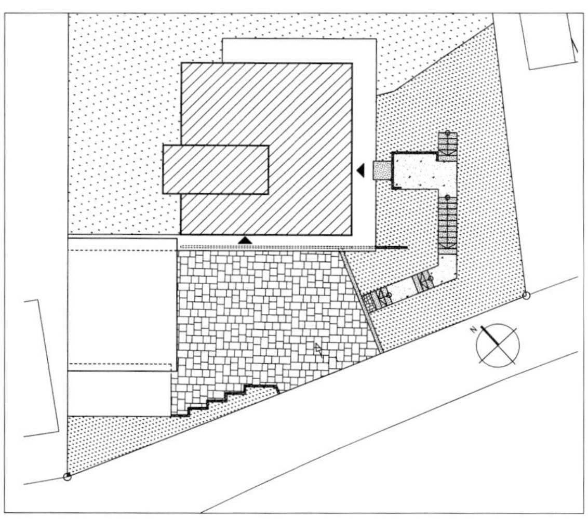

Bauherr und Architekt: Ingo Hanel, Wuppertal
Konstruktion, Energiekonzept: Holzrahmenbauweise, Fassade aus Denya-Bohlen (afrikan. Hartholz), hochkompakte Würfelform, A/V 0,67 m-1, Heizwärmebedarf 49,3 kWh/m$^2$a (derzeit jährliche Heizkosten von 600 Euro), 16 m$^2$ Solarkollektoren speisen 2200-l-Pufferspeicher der Heizung (Nachheizung über Nachtstrom) und 300-l-Warmwasserspeicher, Abluftwärmepumpe, Regenwassersammlung in 5000-l-Zisterne
Wohnfläche: ca. 200 m$^2$ zzgl. 50 m$^2$ Dachterrasse
Baukosten: 215 000 Euro zzgl. 33 000 Euro Nebenkosten
Fertigstellung: Frühjahr 2003
Standort: Julius-Lucas-Weg 100, D–42113 Wuppertal

Blick aus dem nahen Wald auf das am Steilhang schwer zugängliche Haus
Die Südostseite

Die offene Küche

Treppenhausblicke

Südwestfassade
mit Hauseingang

Südostecke, Blick
in das Eckfenster
der Küche

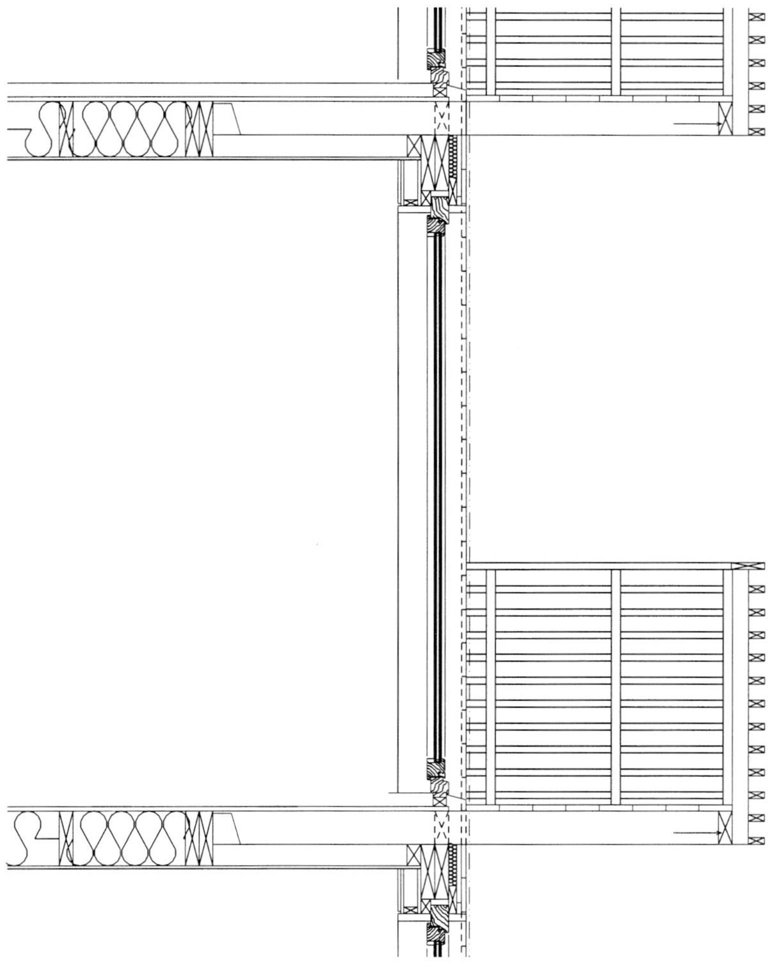

Fassadenschnitt (Ausschnitt)

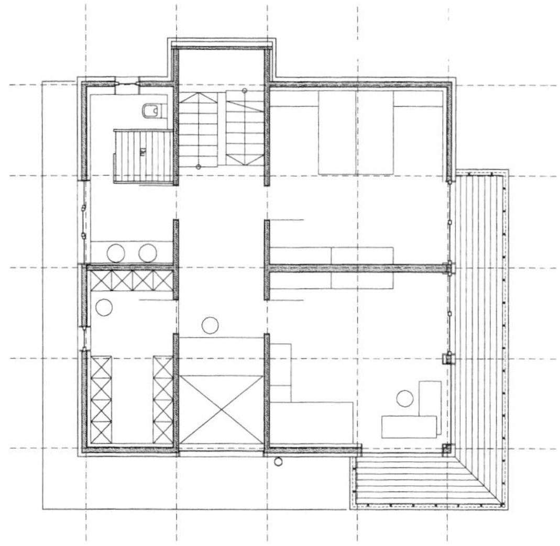

Obergeschoß

Die filigranen
Holzbrüstungen

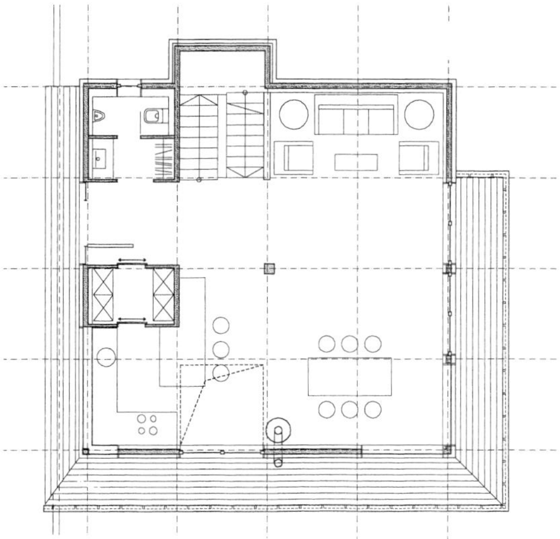

Eingangsgeschoß

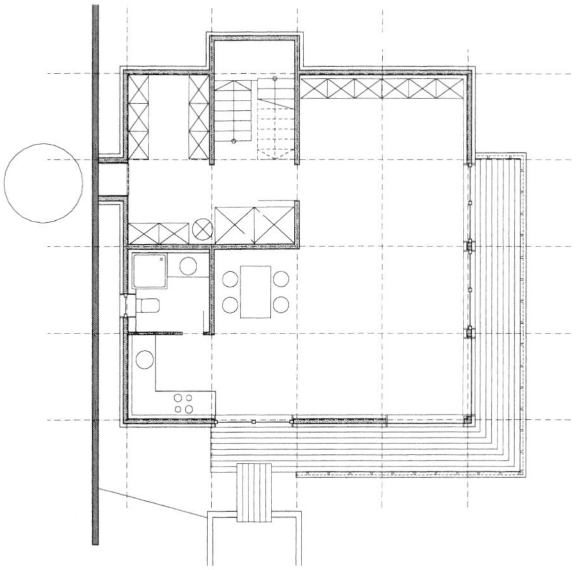

Hanggeschoß

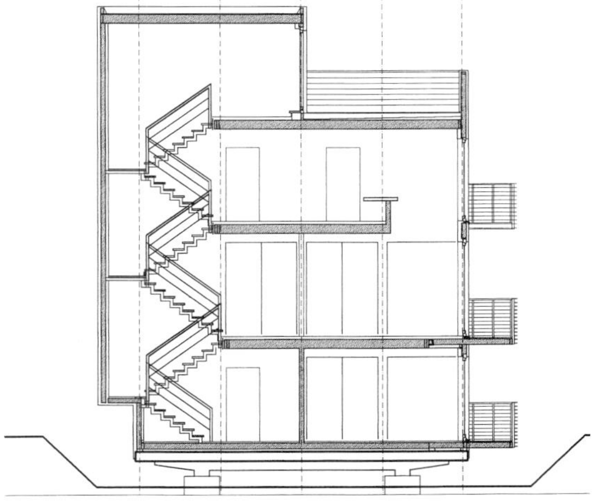

Querschnitt Nord-Süd

# Villa in der Lücke

## Einfamilienhaus in Reutlingen-Bronnweiler
## Entwurf: dhs Architekten, Metzingen; Planung und Ausführung: dhs Architekten, Das Syndikat Zimmerei, Reutlingen

**Wenn ein Experte für ökologischen Holzbau für sich selber baut, noch dazu an einem denkbar schwierigen Standort, ist Außergewöhnliches zu erwarten. Das schmale, tiefe Hanghaus besticht denn auch durch Konstruktion und Gestaltung.**

Das Grundstück liegt am Rand des gewachsenen Ortskerns von Bronnweiler in einer schmalen und steilen Baulücke am Südhang. Die Bauaufgabe bestand darin, ein modernes Holzhaus mit optimierten Energiekennwerten zu errichten.

Durch die enge Zusammenarbeit der Planer mit den Ausführenden (der Bauherr gehört zur Zimmerei) konnte die Konstruktion in mehreren Schritten nahe an das Optimum gebracht werden. Über einem teilweise untergeschobenen Sockelgeschoß, das einen Fahrradkeller enthält, ist der eigentliche Keller untergebracht. Bedingt durch die Hangneigung, liegt er im Süden zwar im ersten Stock, im hinteren Teil aber bis zu vier Meter unter der Geländekante. Der aus Betonfertigteilen erstellte Keller gehört nicht zum beheizten Volumen und ist daher nur von außen über die im Süden gelegene, teilweise überdachte Terrasse zugänglich.

Die Kellerdecke und die darauf angeordneten beiden Wohnebenen sind in Holzrahmenbauweise errichtet. Um die geforderten Dämmeigenschaften zu erzielen, wurden die Wände und das Dach aus speziellen Holzträgern (TJI und PN-Dämmständer, siehe Einleitung) erstellt. Zellulose als Dämmstoff, Beplankungen aus OSB- und Weichfaserplatten – etwa neunzig Prozent der Holzbauteile bestehen aus nachwachsenden Rohstoffen.

Der Energiebedarf von unter dreißig Kilowattstunden pro Quadratmeter und Jahr – das entspricht drei Litern Heizöl – wird durch Solarkollektoren und einen Stückholzofen gedeckt. Die großen, dreifach verglasten Fenster im Süden liefern bei klarem Wetter besonders im Winter und in der Übergangszeit einen Großteil der Heizenergie. Die Lüftungsanlage mit Wärmerückgewinnung sowie Erdwärmetauscher vermindert die Lüftungswärmeverluste auf ein Minimum und sorgt gleichzeitig in allen Räumen für angenehm frische Luft. Die Haustechnik hat sich als sehr wartungsfreundlich und leicht bedienbar erwiesen.

Bauherr: Andres Lächele
Entwurf: dhs Architekten, Metzingen
Planung und Ausführung: Das Syndikat Zimmerei AG, Reutlingen
Statik: Nebgen und Müller, Reutlingen
Lüftungs- und Energietechnik: Suntech, Tübingen
Konstruktion, Energiekonzept: Holzrahmenbauweise, Energiebedarf 30 kWh/m²a (»3-Liter-Haus«), gedeckt über Solarkollektoren und Stückholzofen, Lüftungsanlage mit Wärmerückgewinnung
Standort: Klingenhalde 7, D-72770 Reutlingen-Bronnweiler

Die Terrasse auf der Hangseite

Totale von Süden

Wohn- und Eßbereich im Obergeschoß

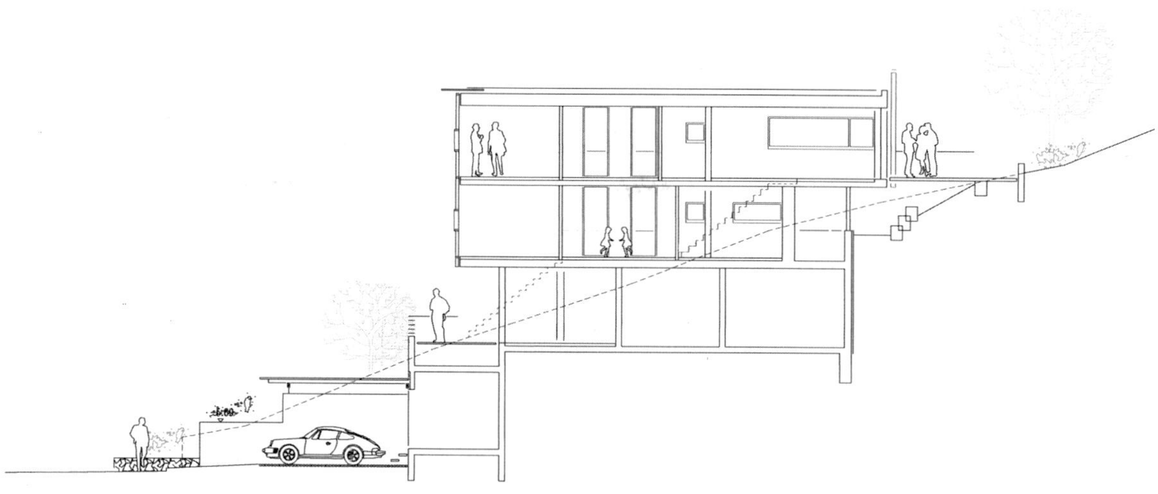

Längsschnitt

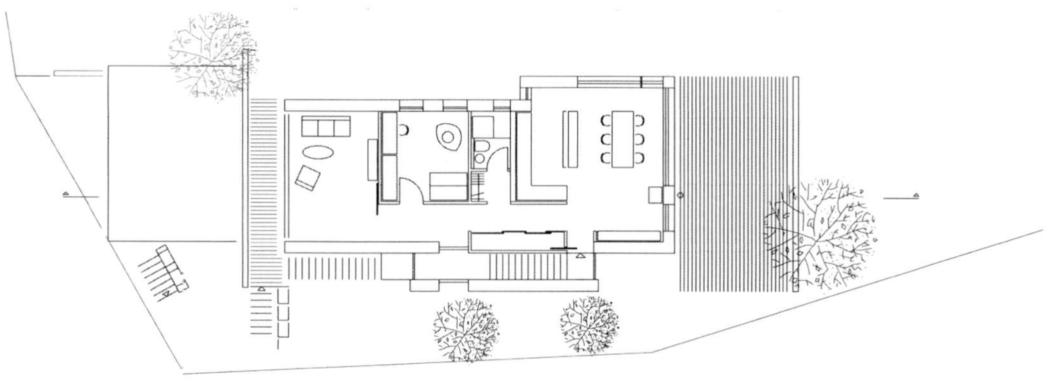

Obergeschoß

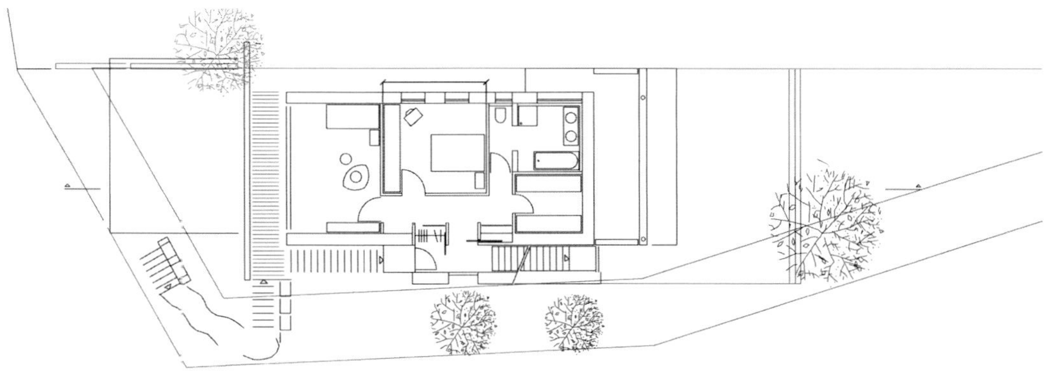

Eingangsgeschoß

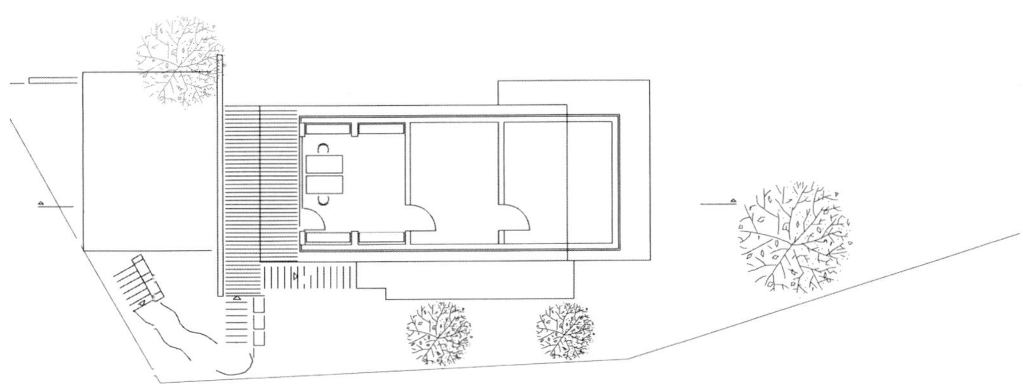

Untergeschoß

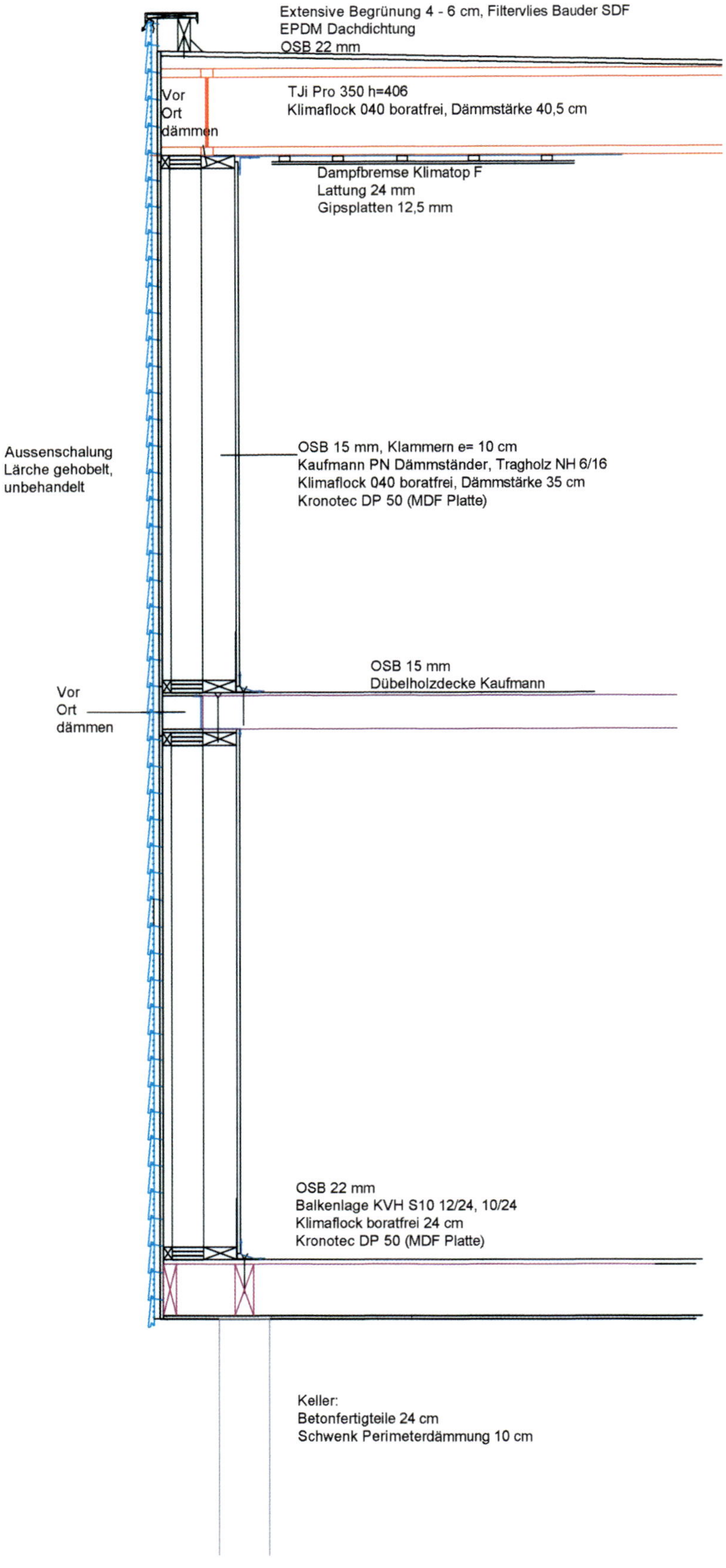


Fassadenschnitt Längsseite

Die Südfassade

Der Stückholzofen sorgt am Eßplatz im Norden für Behaglichkeit

Totale von Osten

# Offenes Langhaus

## Einfamilienhaus in Söcking/Starnberg
## Architekten: index studio Markus Julian Mayer, München/Starnberg

**Holz- und Massivbau ergänzen einander an dem klar artikulierten Hanghaus auf kleinem, vor allem schmalem Grundstück in Söcking – zugunsten der Energieeffizienz.**

Das Einfamilienhaus mit Einliegerwohnung wurde als langer schmaler Giebelbau konzipiert, um auf dem engen Grundstück Platz für einen sonnigen Garten zu gewinnen. Das Innere ist entlang einer durchgehenden, dem Hangverlauf folgenden Treppe organisiert, die den Blick durch das ganze Haus ins Tal schweifen läßt.

Aussicht und Sonne waren auch der Grund dafür, den Hauptwohnraum offen über die ganze Länge des Hauses im Dachraum anzuordnen, mit einem Küchenblock im Zentrum und einem Balkon mit Treppe zum Garten über fast die gesamte westliche Längsseite. Schmale Fensterbänder unter der Traufe der ruhigen Dachfläche wechseln mit Balkontüren, nur zur Talseite ist die Fassade großflächig, aber dem Innenleben entsprechend asymmetrisch geöffnet.

Die Konstruktion ist geprägt von der Unterscheidung der inneren und äußeren Bauteile. Während die inneren aus geschliffenem Beton bestehen, um die durch passive Solarnutzung gewonnene Energie zu speichern und den Hangdruck aufzunehmen, sind alle umhüllenden Bauteile wie Außenwände und Dach in Holz- beziehungsweise Holzständerbauweise ausgeführt, da diese, bezogen auf ihre Konstruktionsstärke, einen weitaus höheren Wärmedämmwert als die massive Bauweise aufweist. Die Stahlbetondecken liegen auf den inneren massiven Wänden auf und stützen sich außen auf Stahlstützen ab. Die Decke über dem Erdgeschoß ist als Flachdecke ausgebildet. Die Köpfe der Stahlstützen haben Pilzform, um die Kräfte in die Flachdecken einzuleiten. Diese Pilze wurden unsichtbar in die Deckenkonstruktion einbetoniert.

Das Dach ist ein stark geneigtes Satteldach ohne Dachüberstand, wobei die Dachflächen ein Tragwerk über eine Spannweite von 16 Metern bilden, so daß im offenen Dachraum keine Zugstreben nötig sind. Um die Schlankheit der Konstruktion zu unterstreichen, ist das Dach mit flachen Betondachsteinen gedeckt. Die Elementierung sowohl der Geschoßdecken als auch der Holzrahmenbauelemente verkürzte die Bauzeit.

Zusätzlich zur passiven Solarenergienutzung heizt eine Wärmepumpe mit Erdsonden das Haus und sorgt für warmes Wasser.

Bauherren: Ch. Fortmann, R. Regenbogen
Architekten: index studio, Markus Julian Mayer, Starnberg/München, mit Cathrin Peters-Rentschler; Mitarbeit: Ralph Imhof
Statik: Vasco Schindler
Konstruktion, Energiekonzept: Massivbau als Speichermasse, Fassaden als Holzrahmenkonstruktion, Süd- und Westseite großflächig verglast, Heizung über Erdsonde mit Wärmepumpe
Bruttorauminhalt: 1000 $m^3$
Nutzfläche: 270 $m^2$
Baukosten: 235 000 Euro netto; 235 Euro/$m^3$ nach DIN 276 KG 3+4
Fertigstellung: 12/2003
Standort: Heimgartenstraße 37b, D-82139 Starnberg

Totale aus Südwesten

Der seitlich angefügte Balkon,
Blick und Gegenblick

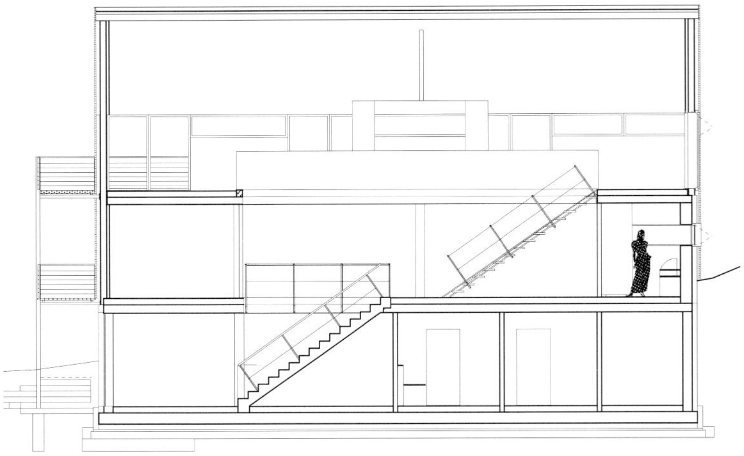

Längsschnitt

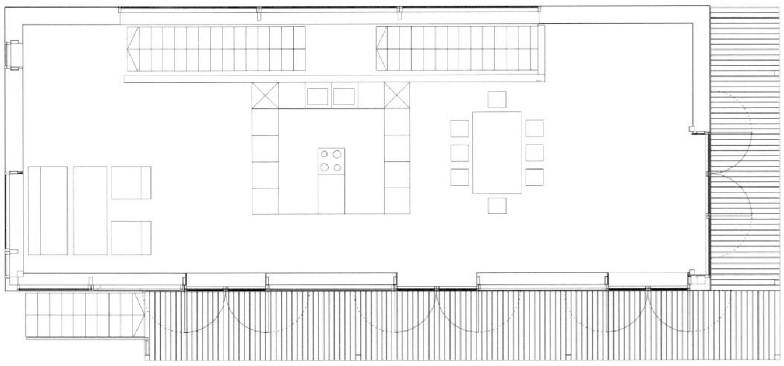

Dachgeschoß

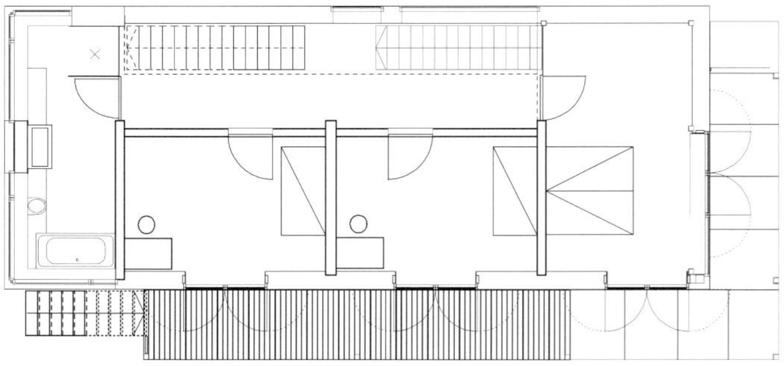

Obergeschoß

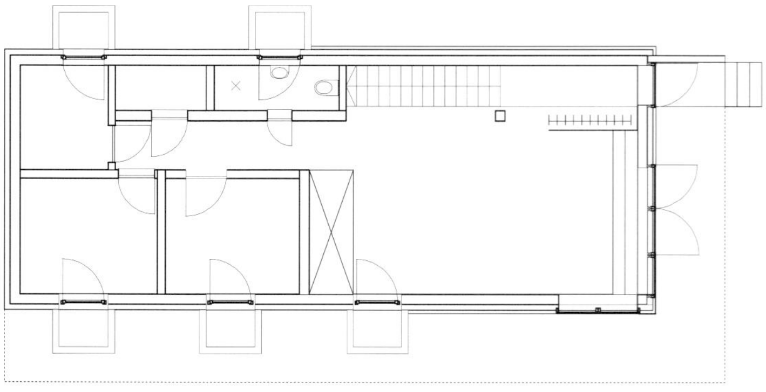

Erdgeschoß

Der Allraum unter dem Dach

Das Bad mit Eckfenster

Die Räume an der von oben bis unten durchlaufenden Treppe

# Quer am Sonnenhang

## Einfamilienhaus in Wilhelmsdorf
## Architekt: Martin Wamsler, Markdorf

**Der Architekt dieses Hauses ist einer der Pioniere des Baus von Passivhäusern im Südwesten Deutschlands; er baut heute ausschließlich in diesem Standard. Hier ein »klassisches« Einfamilienhaus in idealer Lage.**

Auf einem nach Süden geneigten Grundstück wurde eine Restfläche von etwa sechs Grundstücken in einem Bebauungsplanverfahren »umgelegt«. Solar optimal ausgerichtet, konnte das Gebäude für die vierköpfige Familie eines Schreiners als zweigeschossiges Holzpassivhaus geplant werden.

Dem Wohnhaus vorgelagert ist ein in der Grundfläche etwa gleich großer, extensiv begrünter Nebenbaukörper mit zwei Stellplätzen, Schreinerwerkstatt, Abstellräumen und dem Zugang zum Haus. Über eine berankte Treppenanlage gelangt man von hier zum etwa drei Meter höher liegenden kompakten Baukörper. Diesem sind wiederum eine überdachte Eingangszone sowie der Windfang mit Garderobe vorgelagert.

Der Baukörper des Wohnhauses ist voll nach Süden ausgerichtet. Im Erdgeschoß sind sowohl der Wohn- und Eßbereich als auch das Gastzimmer mit einer großflächigen Verglasung zur Sonne orientiert, davor bietet die Terrasse eine herrliche Aussicht. Im nördlichen Bereich sind WC, Hauswirtschaft und Speisekammer untergebracht. Über eine gerade Treppe wird das Obergeschoß mit drei Schlafzimmern, Bad und Büro erschlossen. Im Dachspitz liegen die Galerien der beiden Kinderzimmer sowie der »Keller« (Abstellräume) und Technikräume. Die besonders schönen Ausblicke nach Nordosten werden durch Übereckfenster in Küche und Bad gerahmt.

Die im hölzernen Passivhausbau mittlerweile übliche Konstruktion besteht wegen der hochgedämmten Ausführung und der dafür nötigen enorm großen Querschnitte in Boden, Wand und Dach aus hoch aufgelösten Doppelsteg- beziehungsweise TJI-Trägern mit einer Beplankung aus Holzwerkstoffplatten, welche die Luftdichtheit herstellen. Mit fachmännischer Kenntnis konnten die Bauherren enorme Eigenleistungen erbringen – ein großer Vorteil der Holzkonstruktion! Die einzigartige Robinienschalung wurde komplett in Eigenleistung angebracht.

Bauherr: Familie Bauer
Architekt: Martin Wamsler, Markdorf; Projektleiter: Martin Wamsler;
Mitarbeit: Rita Schollenberger
Haustechnik: Ingenieurbüro Gerlach, Rielasingen
Konstruktion, Energiekonzept: Passivhaus in Holzbauweise, Pelletheizung, kontrollierte Be- und Entlüftung mit Erdwärmetauscher, Solarkollektoren, Dreischeibenverglasung, Heizwärmebedarf 14,8 kWh/m$^2$a, Primärenergiebedarf: 81 kWh/m$^2$a
Wohnfläche: 154 m$^2$ (innerhalb der thermischen Hülle)
Baukosten: 1623 Euro/m$^2$ Wohnfläche
Bauzeit: Mai–Dezember 2002
Standort: D-88271 Wilhelmsdorf

Thermischer Puffer: der angefügte Eingangsbereich

Totale von Süden
Über Eck:
Küchenfenster
im Nordosten

Detailaufnahme
Traufe/Ortgang

Das Anwesen
von der Straße
mit Werkstatt
und Carport

Der offene Wohnraum mit sichtbarer
Tragstruktur aus Vollholz

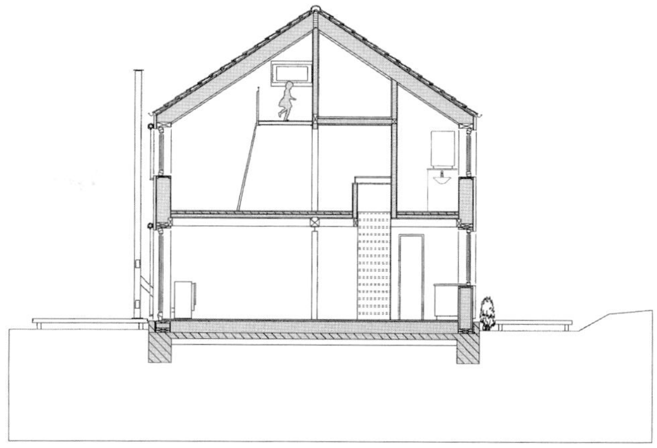

Querschnitt

Obergeschoß

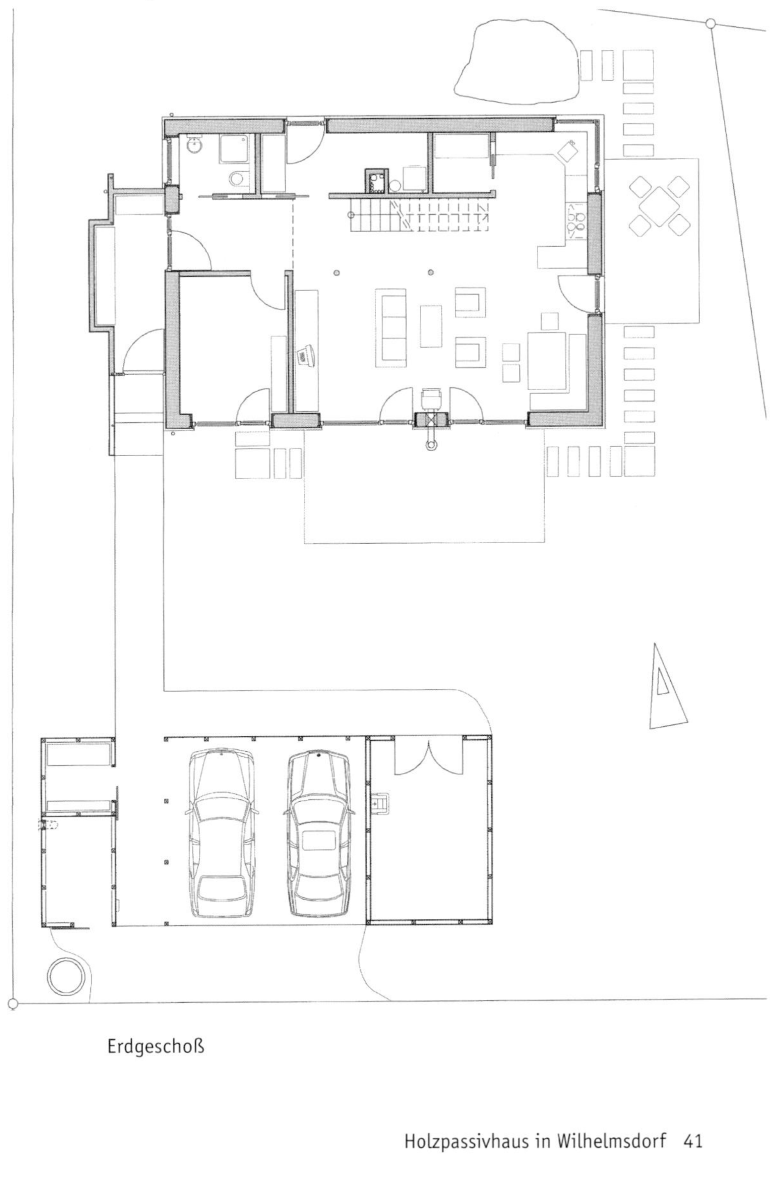

Erdgeschoß

# Holzhaus im Dorf

## Einfamilienhaus in Frammersheim
## Architekten: werk.um Architekten, Darmstadt

**Ein schlichtes, innen erstaunlich großzügiges Haus im Niedrigenergiestandard, respektvoll neben der Kirche des kleinen Ortes eingefügt – so selbstverständlich kann energiesparendes Bauen auf dem Lande aussehen.**

Mit alten und neuen Nebengebäuden bildet das vergleichsweise kleine Haus ein harmonisches Ensemble: Die Proportionen, die Neigung des ruhigen Giebeldachs, die strenge Lochfassade zur Straße und nicht zuletzt die unbehandelte Lärchenholzschalung verorten das Haus vorbildlich zwischen altem Kern und neuem Baugebiet. Indem es neues Leben in den alten Ortskern bringt, spart das Haus auch aus städtebaulicher Sicht Energie – in der derzeitigen Baulandschaft leider eine große Ausnahme.

Konstruktiv wie haustechnisch nutzt das Gebäude bewährte Mittel: Es ist ein Holzrahmenbau, was im Inneren auch sichtbar ist; ein Holzofen unterstützt die Abluftwärmepumpe mit Wärmerückgewinnung nur, wenn es richtig kalt ist. Das Brennholzlager ist an der Ostseite des Hauses als Regal gestalterisch integriert. Auch auf der Westseite, zum Garten hin, zeigt ein Teil der Fassade das Baumaterial in seiner Rohform, als vom Gatter zersägte Baumstämme (»Schwarten«), was einen reizvollen Gegensatz zu den feinen Schiebetürelementen ergibt.

Hat man den schmalen Hofraum durchquert und die als einziges Element farbig hervorgehobene Eingangstür passiert, öffnet sich das Volumen des Hauses auf beeindruckende Weise in einem Allraum: Durch die großen geschoßhohen Fenster erhellt, auf der Galerie von einem Steg überbrückt, wirkt der Raum überraschend weit und großzügig.

Die kompakte Küche ist seitlich im östlich angefügten »Rucksack« dem Eßplatz zugeordnet, ein hölzernes Deck erweitert den Wohnraum nach Westen. Die kräftigen Balken des Holzbaurasters gliedern und fassen den Raum und geben ihm gemeinsam mit dem Holzofen eine rustikale Note. Diese Note kontrastiert mit der fein gearbeiteten, offen zweiläufig ins Obergeschoß führenden Treppe und den in schlichtem Weiß gehaltenen Wänden. Ein rundum stimmiges, in seiner Schlichtheit und Bescheidenheit vorbildliches Haus auf dem Lande.

Bauherr: Familie Lehmann
Architekten: werk.um Architekten, Darmstadt
Konstruktion, Energiekonzept: Niedrigenergiehaus in Holzrahmenbauweise, Abluftwärmepumpe mit Wärmerückgewinnung, Holzofen
Bauzeit: 2004
Standort: Friedhofsweg 12, D-55234 Frammersheim (Rheinhessen)

Die verwandten Baukörper von Wohnhaus und Garage fügen sich ruhig ins Dorfbild

Zum Garten hin öffnen sich große Schiebetüren

Reizvoller Kontrast: Neben den Schiebetüren zeigen hölzerne »Schwarten« das Material roh

Holz als Bau- und Brennstoff:
die ländliche Ostseite

Der großzügige
Wohnraum mit Galerie

Querschnitt

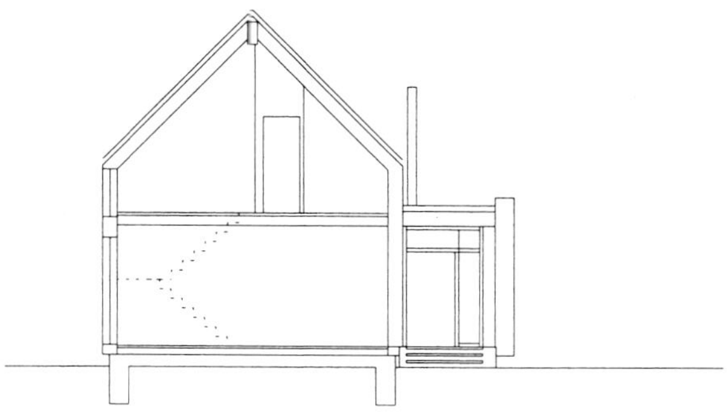

Obergeschoß

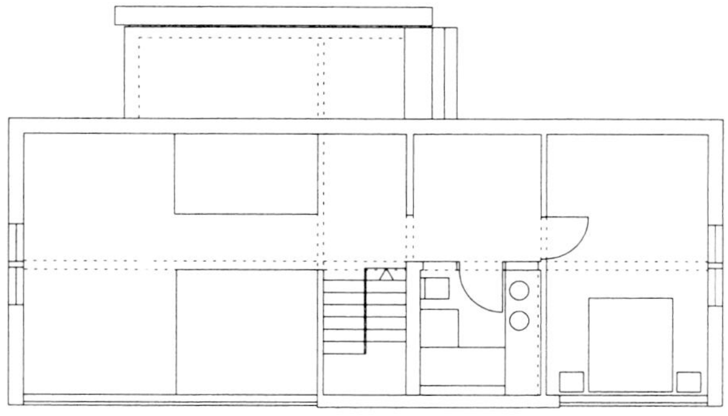

Erdgeschoß

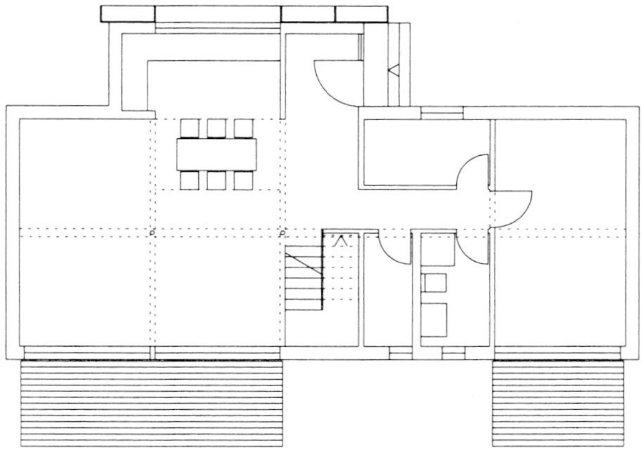

# Sparsames Landhaus

## Einfamilienhaus in Biburg
## Architekt: Sampo Widmann, München

Die Westseite

**Wintergärten haben sich oftmals als wahre Energieschleudern erwiesen. In unserem Bespiel wurde ein haushoher Glasvorbau jedoch sinnvoll ins Energiekonzept integriert; er trägt erheblich dazu bei, daß dieses wohlgestaltete Holzhaus minimale Energiekosten verursacht.**

Das schlichte lange Haus wurde an die Nordgrenze des sanft nach Osten abfallenden Grundstücks gerückt. So sind die Breitseite und die mit Kollektoren bestückte ruhige Dachfläche nach Süden ausgerichtet und nicht verschattet. Der isolierverglaste Wintergarten ist vor dem Ostgiebel unter die Dachfläche gerückt.

Das Haus wird von Ost nach West, dem Hangverlauf aufwärts folgend, erschlossen. Der Wintergarten übernimmt also die Funktion eines Windfangs. Von der zentralen Eßdiele aus erreicht man die oberen Geschosse im halbgeschossigen Versatz (Splitlevel), der Luftraum hinter der geschoßhohen Südverglasung reicht bis unters Dach. Alle anderen Fenster, insbesondere auf der Nordseite, sind eher klein und lassen sich mit Schiebeläden verschließen.

Der über Doppeltüren und Fenster mit dem Kernhaus verbundene Wintergarten dient der Wärmegewinnung und -rückgewinnung. Im Sommer lassen sich einige der Glasflächen des Anbaus öffnen, was ebenso der Überhitzung vorbeugt wie ein großer Baum im Garten auf der Südseite.

Um die Sonnenwärme zu speichern, sind Speichermassen aus Kalksandstein in die Innenwände des hochgedämmten Holzständerbaus integriert. So hat sich das im übrigen konventionell beheizbare Haus einer vierköpfigen Familie im mehrjährigen Betrieb als Minimalverbraucher erwiesen.

Die charakteristische Wetterhaut besteht aus einer blau lasierten vertikalen Holzschalung, das Dach aus Welleternit mit integrierten Solarkollektoren, die der Brauchwassererwärmung dienen.

Bauherr: Familie W.
Architekt: Sampo Widmann, München
Konstruktion, Energiekonzept: Holzständerbau, hochwärmegedämmt, südorientiert, Speichermassen aus Kalksandstein in Innenwänden, isolierverglastes Glashaus, daraus Warmluftgewinnung und Rückgewinnung für die Gebäudeheizung, Warmwassergewinnung über Solarkollektoren, minimale Energiekosten

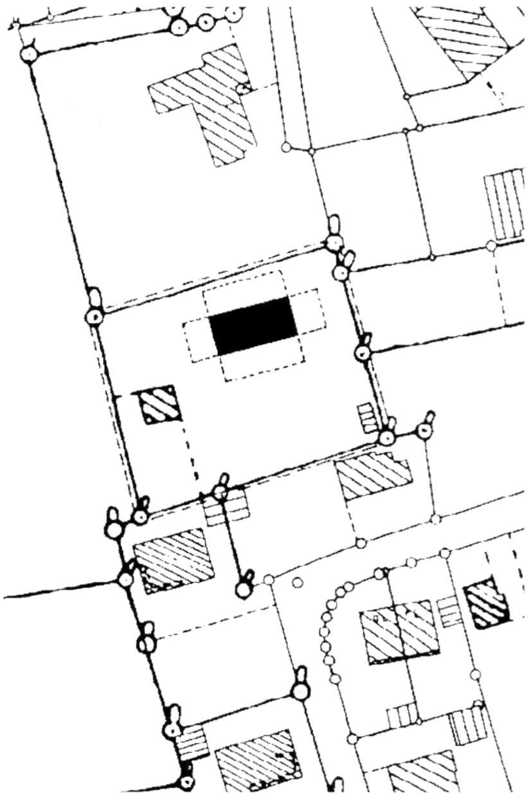

Lageplan

Die Südseite mit dem Garten

Die Südseite läßt die versetzten Ebenen erkennen

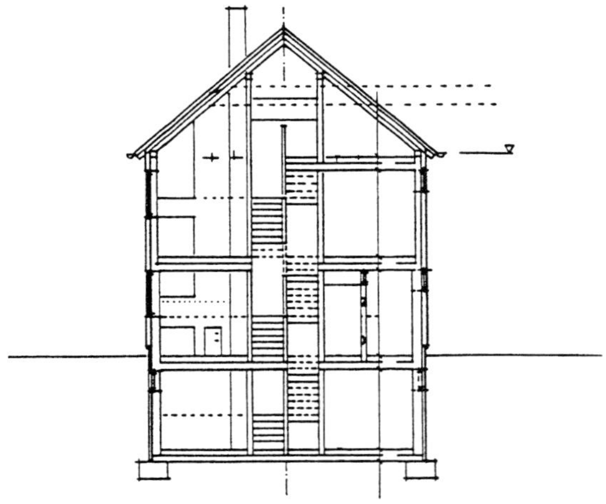

Querschnitt mit offenem Treppenhaus

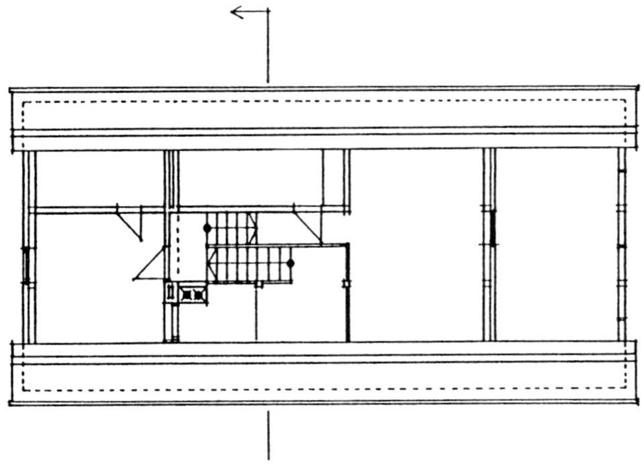

Dachgeschoß

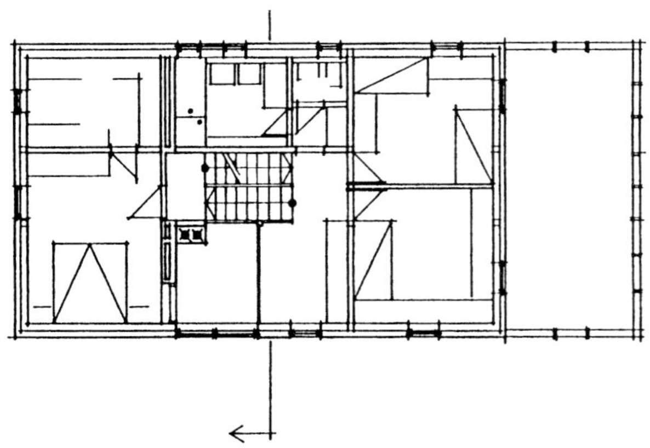

Obergeschoß

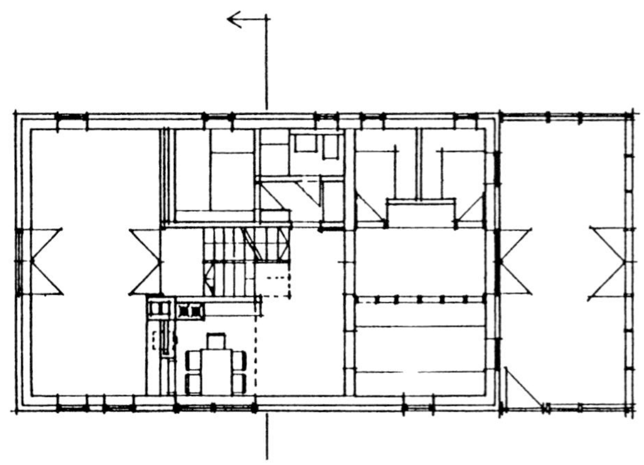

Erdgeschoß

Der über die drei Ebenen offene Wintergarten temperiert das Haus

# Größe im Kleinen

## Einfamilienhaus in Tübingen-Unterjesingen
## Architekt: Joachim Orth, Tübingen

Lageplan

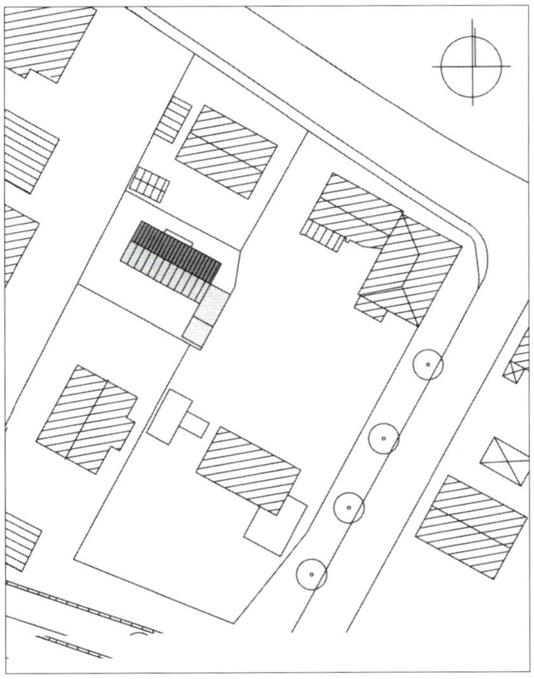

**Schlank und wohlproportioniert fügt sich das Holzhaus in eine kleine Lücke im Ortskern von Unterjesingen. Große Öffnungen und feine Details geben dem vom Architekten für die eigene Familie entworfenen und weitgehend in Eigenleistung ausgebauten Haus dennoch eine großzügige Wohnatmosphäre.**

Das nur 260 Quadratmeter kleine Grundstück liegt im alten Ortskern, vor der stark befahrenen Bundesstraße abgeschirmt durch ein Vorderhaus, dessen Ausrichtung das neue Gebäude aufnimmt. Die Dachform ist bis in die Details dem Typus des schwäbischen Bauernhauses entlehnt. Auch die grau lasierte Stülpschalung erinnert an ländlich-traditionelle Nutzbauten.

Auf sechs mal zwölf Metern Grundfläche strebt das Haus in die Höhe, was durch große geschoßhohe Fenstertüren noch unterstrichen wird. Da die Breitseite nach Südwesten orientiert ist, lassen sich passive (Fenster) wie aktive (Brauchwasser-Kollektoren) Solarerträge nutzen.

Das kompakte Gebäudevolumen ist derart untergliedert, daß der Familie verschiedene Nutzungen offenstehen (Schlafbereich, Kinderbereich, Arbeitsbereich). Während die Aufenthaltsräume nach Süden weisen, bilden Küche und Flur eine Pufferzone nach Norden. Trotz der Vielzelligkeit wirken die Wohnräume durch Licht und die Erweiterung ins Freie großzügig – 2,80 Meter Raumhöhe im Wohnzimmer und eine offene Galerie im Dach tragen dazu bei. Je nach Tageszeit und Lichtverhältnissen ändert sich der Charakter der Räume.

Außen akzentuieren Farbflächen die schlichte Fassadengestaltung. Ein Holzdeck ist der Mittelpunkt des kleinen Gartens.

Der Holzständerbau ließ viel Eigenleistung zu, so daß die Bauherren fast den gesamten Ausbau übernahmen. Da das Gebäude aus Kostengründen nur zu einem Drittel unterkellert wurde, ergänzen Abstellräume und ein Schuppenanbau das Raumangebot. Das Haus wird konventionell mit einem Holzpelletofen beheizt.

Ein überzeugendes Beispiel für die Stärkung von Ortslagen durch maßstäbliche Ergänzung und ein im umfassenden Verständnis ökologisches Bauen mit einfacher Technologie.

Bauherr: Joachim und Nadja Orth, Tübingen
Architekt: Joachim Orth, Tübingen
Konstruktion, Energiekonzept: Holzständerbauweise im Niedrigenergiestandard, kompakte Bauweise mit großen Öffnungen nach Süden, Holzpelletheizung, solare Brauchwassererwärmung (6 m² Kollektor mit 750-l-Pufferspeicher), ökologisch verträgliche Baustoffe
Wohnfläche: 150 m² (bei 260 m² Grundstücksfläche)
Baukosten: 170 000 Euro
Bauzeit: 5–12/2001
Standort: Jesinger Hauptstraße 108/3, D-72070 Tübingen

Fein detailliert: Eingang und Küchenerker

Totale von Westen

Ost- und Nordseite
mit Schuppen

Pufferzone im Norden:
Treppenraum mit Fensterband
Behaglich: der Allraum im Erdgeschoß.
Im Hintergrund Küche und Wohnraum

Bad und Wohnraum

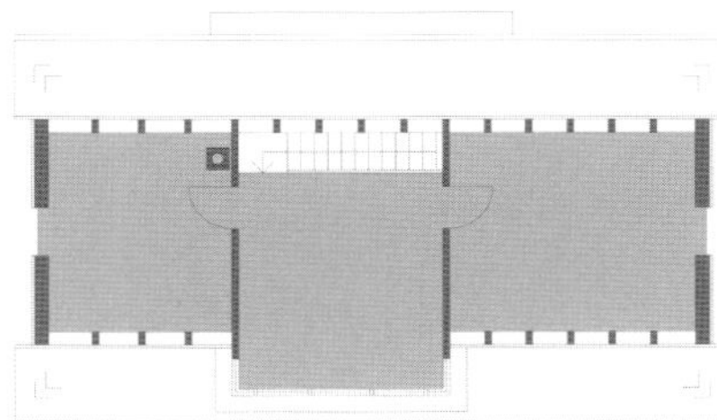

Dachgeschoß

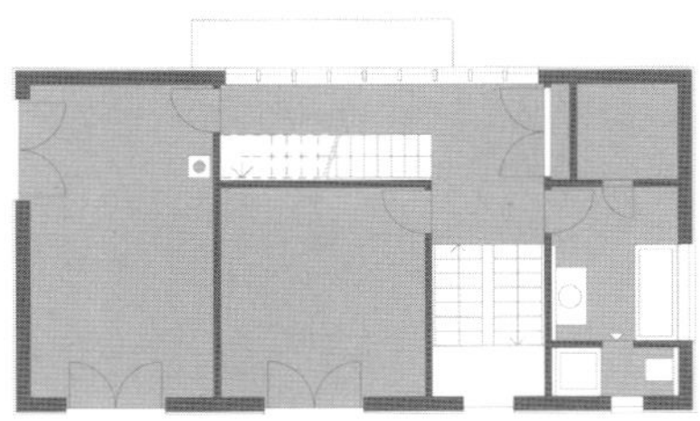

Obergeschoß

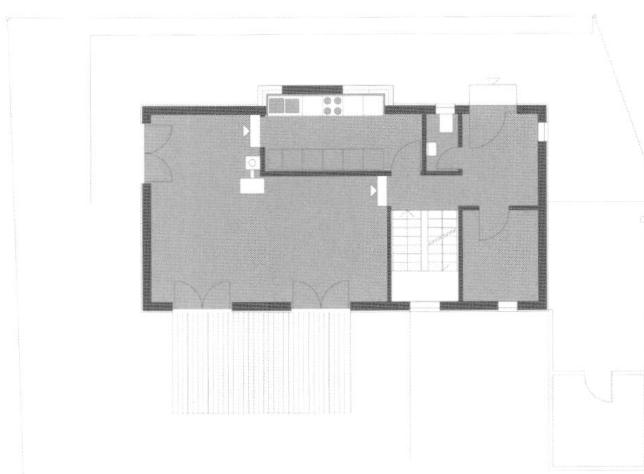

Erdgeschoß

# Garten-Haus

## Einfamilienhaus in Neutsch
## Architekten: werk.um Architekten, Darmstadt

Fernblick von Osten

**Kompakt und reduziert wirkt das Architektenhaus von außen. Es bewahrt so die Wirkung des alten Obstgartens, der ganz in den Wohnbereich einbezogen ist. Und das fein detaillierte Holzhaus hat noch mehr ökologische und gestalterische Stärken.**

Das Haus wurde fünfzehn Kilometer von Darmstadt entfernt in einem kleinen, ruhigen Dorf errichtet. Auf dem Baugrundstück befindet sich alter Obstbaumbestand. Das Gebäude ist schmal und lang und so plaziert, daß die Hälfte des Gartens und der gesamte Baumbestand erhalten werden konnten. Leitgedanke des Entwurfs ist die Reduktion auf das Wesentliche und die »Gestaltung des Notwendigen«.

Das Haus orientiert sich in Gebäudeform, Raumanordnung und Verglasungen nach Westen und damit zum Garten. Das ansteigende Pultdach zeigt dies nach außen und innen. Eine vorgelagerte große Holzterrasse in ganzer Hauslänge bildet das Bindeglied zwischen Haus und Garten. Indem der Hobeldielenboden des Erdgeschosses in gleicher Ausrichtung als Terrassenbelag weiterläuft, erweitert sich der Wohnbereich in den Garten hinein. Durch die großflächigen Fenster der Gartenfassade flutet Nachmittagssonne ins Haus. Die alten Obstbäume filtern das Sonnenlicht und erzeugen unterschiedliche Lichteffekte.

Das Erdgeschoß ist als großzügiger, räumlich offener Lebensbereich organisiert. Große Schiebetüren ermöglichen eine Erweiterung des Wohnzimmers auf die Terrasse und in den Garten.

Der Keller ist als Beton-Systemkeller ausgeführt und zeigt seine Materialität als Sichtbetonfläche im Sockelbereich. Erdgeschoß und Obergeschoß wurden in vorelementierter Holztafelbauweise errichtet.

Für die Fassade verwendete man eine unbehandelte Red-Cedar-Schalung. Im Innenausbau wurden Holz, Glas, Stahl und weiß gestrichene Gipskartonplatten kombiniert.

Eine dorfeigene Quelle versorgt das Haus mit Trinkwasser. Regenwasser wird in einer Zisterne gesammelt und dient zur Toilettenspülung, zum Waschen und zur Gartenbewässerung. Das Abwasser wird in einer Dreikammer-Klärgrube gereinigt. Heizung und Warmwasserbedarf werden durch eine Kombination von Pelletofen und Kollektoranlage gedeckt.

Bauherr: Familie Botta
Architekten: werk.um Architekten, Darmstadt
Konstruktion: Holztafelbauweise auf Fertigkeller
Energiekonzept und Ökologie: Holzpelletofen, unterstützt durch Vakuumröhrenkollektor; Regenwasser-Zisterne für Grauwasserkreislauf, Hauskläranlage
Wohnfläche: 149 m², zusätzlich 72,5 m²
Baukosten: ca. 200 000 Euro
Bauzeit: 8–12/2000
Standort: D-Neutsch (Südhessen)

Totale von Süden mit dem Eingang

Straßenansicht
Lichtspiel unter Bäumen: Wohnraum und Garten fließen ineinander

Präzise: Detailaufnahmen von Schiebeläden und Dachanschluß

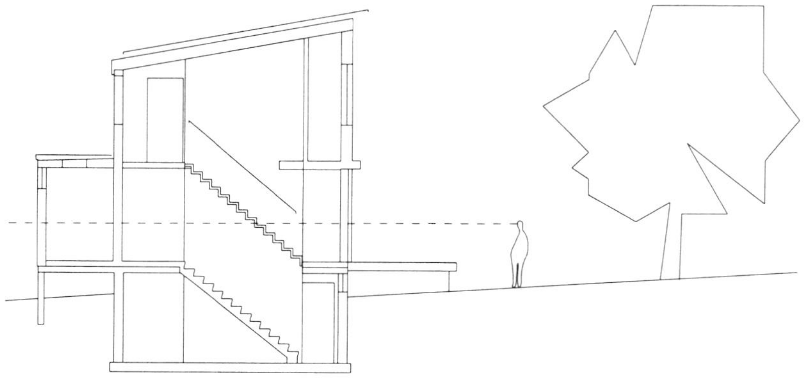

Querschnitt

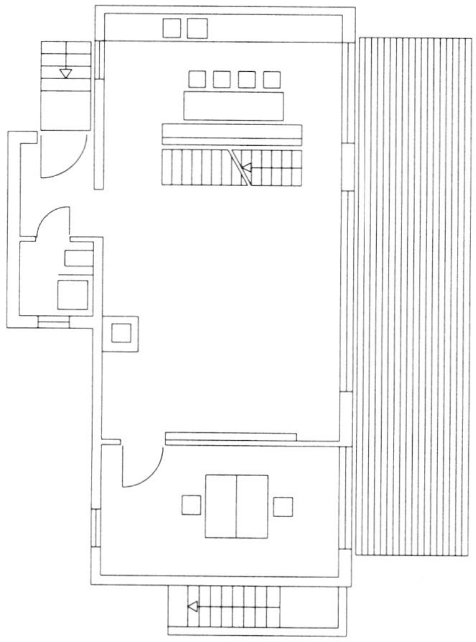

Erdgeschoß

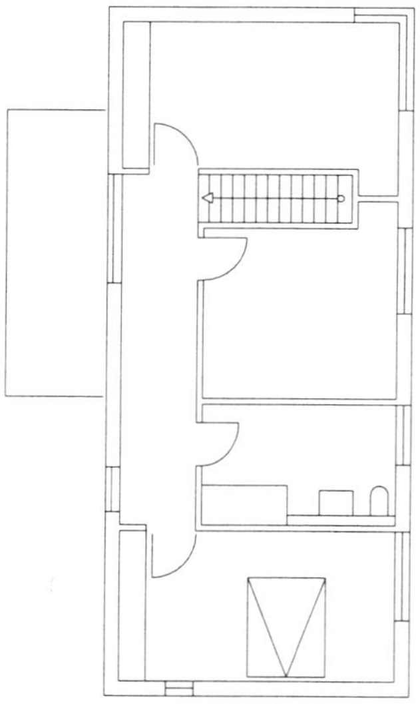

Obergeschoß

Die Stahltreppe am Eingang

Klare Fügung: Red-Cedar-Schalung auf den Betonelementen des Kellers

# Kleines Raumwunder

## Einfamilienhaus in Langerwehe
## Architekten: Nebel Pössl Architekten, Köln

**Auf gut 300 Quadratmetern Grund gelang hier eine erstaunlich offene, organisch verwinkelte Wohnlandschaft mit aufgesetzter Holzbox. Beide zu beheizen erfordert – ebenso erstaunlich – wenig Energie.**

Im Erdgeschoß des Hauses fühlt man sich an die Entwürfe Hans Scharouns oder Hugo Härings erinnert: Versetzte Ebenen, auseinanderlaufende Wände und Ausbuchtungen dienen dazu, die Enge des Bauplatzes zu überspielen und geschützte Räume zu schaffen. Jeder Fleck der Parzelle wird ausgenutzt.

Auch in der Vertikalen geht es lebendig und schiefwinklig zu: Ein Mittelding zwischen Pult- und Satteldach bekrönt die Holzbox, die auf dem massiven Erdgeschoß abgesetzt wurde. Aus dieser ragt auf der Südseite wiederum eine Art Turm heraus. Jede Öffnung haben die Architekten auf einen Panoramablick hin plaziert – angesichts der Banalität der unmittelbaren Nachbarschaft muß der Blick auch ins Weite schweifen!

Daß aus dem zerklüfteten Gebilde ein »3-Liter-Haus« wird – pro Quadratmeter sind im Jahr nicht mehr als drei Liter Heizöl zur Raumtemperierung nötig –, verdankt es einer Kombination von Perimeterdämmung (im Erdgeschoß) sowie dicker Zellulosedämmung der Holzrahmenkonstruktion aus TJI-Trägern (im Obergeschoß), großen Öffnungen nach Süden und einer Lüftungsanlage mit Wärmerückgewinnung.

Bauherr: Familie Koch
Architekten: Nebel Pössl Architekten, Thomas Nebel, Erich F. Pössl, Köln
Konstruktion, Energiekonzept: Holzrahmenbau auf massivem Erdgeschoß, »3-Liter-Haus« mit Lüftungsanlage und Wärmerückgewinnung, »KfW Energiesparhaus 60« mit einem Jahres-Primärenergiebedarf von 59,6 kwh/m²a, Solaranlage zur Brauchwassererwärmung
Wohnfläche: 150 m² + 61m² Nutzfläche auf 312 m² Grundstück
Baukosten: 218 000 Euro brutto zzgl. 36 000 Euro Baunebenkosten
Bauzeit: 4–12/2003
Standort: Gartenstraße 28, D-52379 Langerwehe-Jüngersdorf

Ausbruch aus der Enge: Das ungewöhnliche Haus von weitem (links) und von der Straße

Kompakt mit Turm: Südseite
Lange Flanke mit Treppenhausfenstern

Skulptural: der Treppenraum

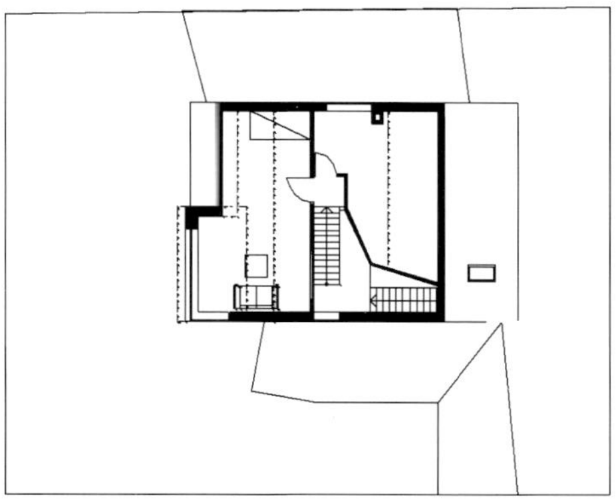

Dachgeschoß

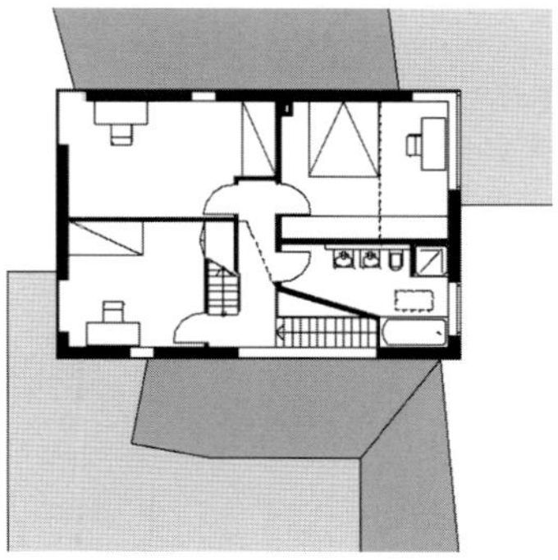

Obergeschoß

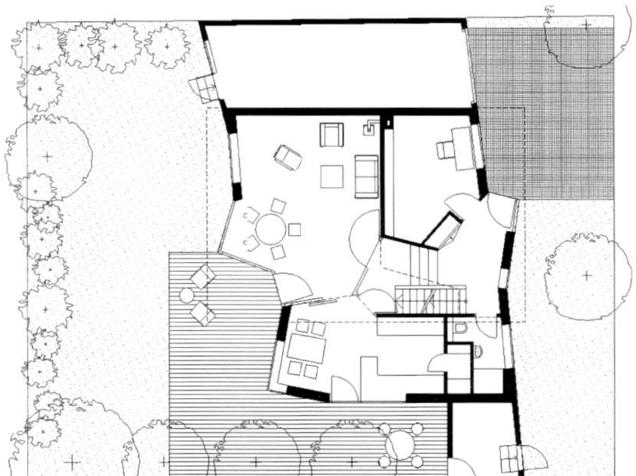

Erdgeschoß

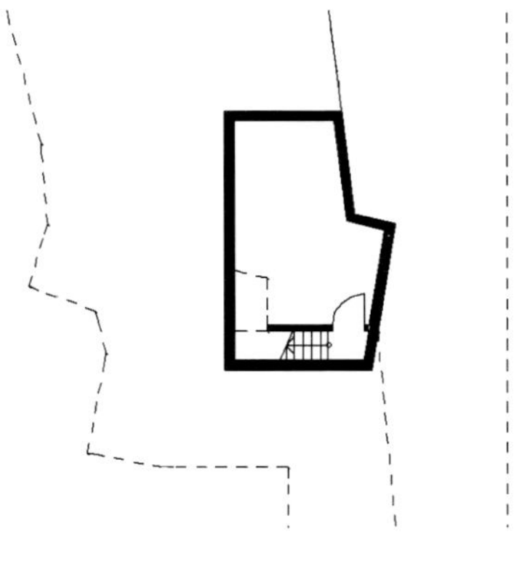

Keller

# Winkel in der Ebene

## Einfamilienhaus in Hard
## Architekt: k_m Architektur, Lindau/Bregenz

**Schlicht und kompakt fügt sich das Energiesparhaus in die Ortslage. Mit seinem Nebengebäude formt es ein räumliches Ensemble.**

Umgeben von Einfamilienhäusern, über eine untergeordnete Straße von Westen erschlossen, bietet das ebene Grundstück Ausblicke auf die umliegende Berglandschaft und den Pfänder. Das kleine Ensemble besteht aus zwei klar unterschiedenen Teilen: Das zweigeschossige Wohnhaus ist mit grauen Faserzementplatten verkleidet, das eingeschossige Nebengebäude mit Garage und Abstellraum ist holzverschalt. Die Gebäude stehen im rechten Winkel zueinander und fassen so die verbleibende Grünfläche zu einem an zwei Seiten geschlossenen Platz ein. Die klare Formensprache des Architekten betont auch hier die Horizontale: Lagernde Volumen und die in beiden Fällen horizontal laufende Schalung verbinden die Baukörper.

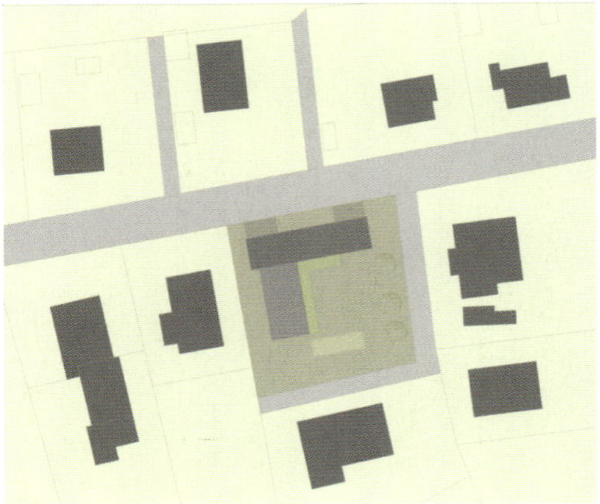

Lageplan

Zwei Quader umschließen den Garten

Man betritt das Wohnhaus von der Dorfstraße im Westen über einen großzügigen, überdachten Vorplatz. Im Erdgeschoß befinden sich die Garderobe, ein separates WC und der großzügige Wohn- und Eßbereich mit Kaminofen. Im Geschoß darüber liegen die Privaträume. Durch die großen, raumhohen Glasflächen wirkt der Übergang zwischen Innen- und Außenbereich fließend. Größtenteils wurde das Gebäude aus vorgefertigten Holzrahmen errichtet. Zur Lastabtragung bei den großen Fensterfronten dienen zusätzlich etwa zehn Zentimeter große Stahlstützen.

Die tragende Konstruktion, Fassade, Fenster, Türen, Fußböden, Deckenverkleidungen sind in Vollholz ausgeführt, wobei auf synthetische Holzschutzmittel und Lacke verzichtet wurde. Die Warmwasserversorgung und den gesamten Wärmeenergiebedarf des Niedrigenergiehauses übernehmen die Hochleistungs-Vakuum-Kollektoren auf dem Dach. Durch den hohen Anteil an vorgefertigten Teilen konnte ein großer Teil des Gebäudes in der Werkstatt hergestellt werden, wodurch es keine unnötigen Standzeiten aufgrund von Schlechtwetter gab.

Bauherr: privat
Architekten: k_m architektur, Daniel Sauter, Lindau/Bregenz
Konstruktion, Energiekonzept: Holzrahmenbau im Niedrigenergiestandard, Vakuumkollektoren zur Warmwasser- und Wärmeenergieversorgung, Verzicht auf synthetische Lacke und Holzschutzmittel,
Wärmebedarf: 42,5 kWh/$m^2$a
Wohnfläche: 149,7 $m^2$
Volumen: 650 $m^3$
Fertigstellung: 2004
Bauzeit: fünf Monate
Baukosten: keine Angabe (kostengünstig)
Standort: A-Hard (Vorarlberg)

Von der Straße
Vom Garten
Die ganz in Glas aufgelöste Gartenfront

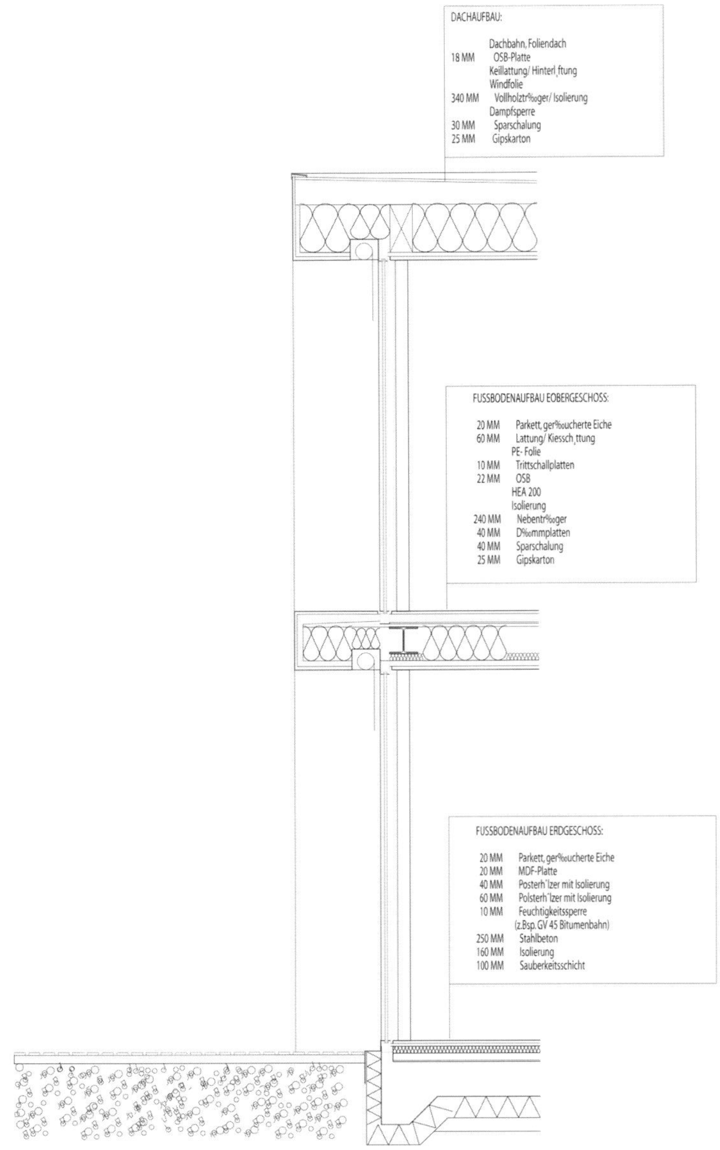


Fassadenschnitt

Leicht und offen: die einläufige Treppe

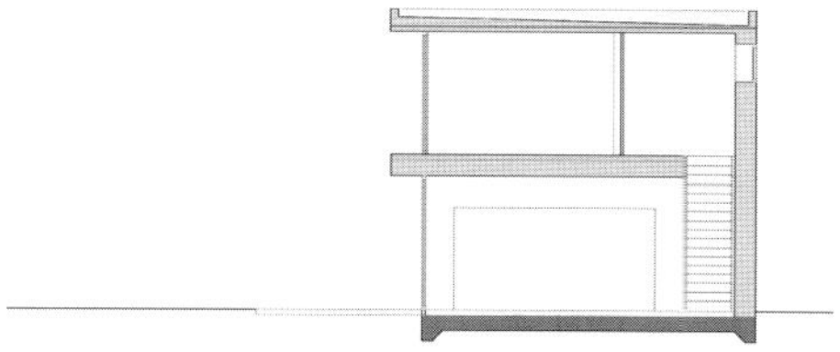

Querschnitt

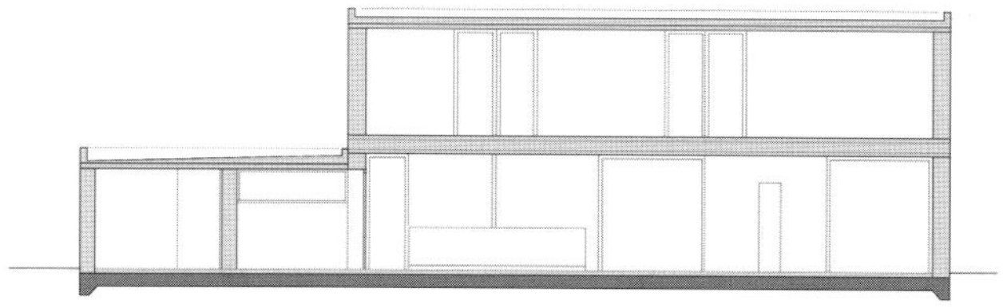

Längsschnitt

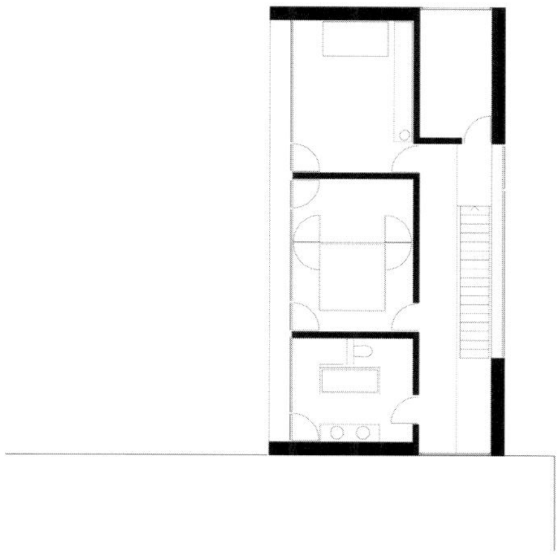

Obergeschoß

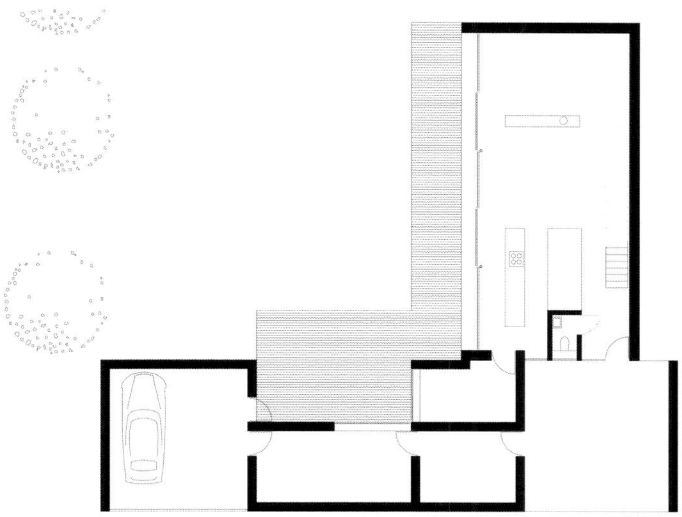

Erdgeschoß

Das Bad mit Blick in den Garten

# Sonnenfang am Hang

## Einfamilienhaus in Rottenburg-Oberndorf
## Architekt: Joachim Orth, Tübingen

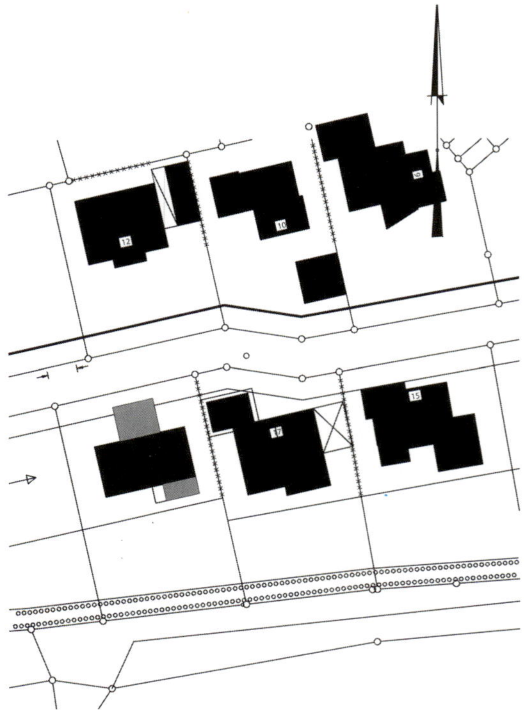

Lageplan

**Ein ungewöhnlich liberaler Bebauungsplan machte in Rottenburg eine interessante Alternative zum landläufigen Satteldachhaus möglich. Das strenge, kompakte Pultdachhaus fängt so noch mehr Sonne ein.**

In einem fünfzehn Jahre alten Neubaugebiet gelegen, bietet das 660 Quadratmeter große Hanggrundstück reizvolle Ausblicke entlang dem Schönbuchtrauf. Da der Bebauungsplan bei geringer Gebäudetiefe zwei Geschosse und abweichende Dachformen zuließ, entstand ein mit 7,30 x 13,1 Metern Grundfläche schlanker und hoher Baukörper, der sich, gegen die Hangneigung, nach Südsüdost öffnet. Im Vergleich zu den konventionellen Nachbarbauten blieb so deutlich mehr nutzbare Gartenfläche, und die passiven Solarerträge sind höher. Der familienfreundliche Grundriß ist klar gemäß der Ausrichtung nach Norden und Süden zoniert, die Südfassade mit geschoßhohen Fenstertüren geöffnet, während im Norden die als Puffer fungierenden Nebenräume mit schmalen Fensterbändern die Ansicht gliedern. Von dort wird das Haus im Hanggeschoß von einem offenen Unterstand aus erschlossen, wo Windfang und Garderobenbereich das Entree bilden.

Die sägerauhe Außenschalung ist dunkelgrau gestrichen und, um den Eindruck der Strenge zu mildern, am Vorbau mit hellgelben Faserzementplatten kontrastiert. Eine Natursteinterrasse erweitert den Wohnraum ins Freie.

Das mit einer konventionellen Holzpelletheizung ausgestattete Haus verfügt über kontrollierte Raumentlüftung, Solarkollektoren für Warmwasser sowie einen von einer Regenwasserzisterne gespeisten Grauwasserkreislauf.

Bauherren: Sandra und Daniel Stirpe, Rottenburg
Architekt: Joachim Orth, Tübingen
Konstruktion, Energiekonzept: Holzständerbauweise im KW-60-Standard, kompakte Bauweise mit großen Öffnungen nach Süden, Holzpelletheizung und kontrollierte Raumentlüftung, solare Brauchwassererwärmung (8 m² Kollektor mit 600-l-Pufferspeicher), Regenwasserzisterne zur Grauwassernutzung, ökologisch verträgliche Baustoffe
Wohnfläche: 192 m² (bei 660 m² Grundstücksfläche)
Baukosten: 300 000 Euro
Bauzeit: 4–12/2003
Standort: Schwester-Salaberga-Weg 19, D-72108 Rottenburg

Die Nordseite mit Unterstand und Eingang

Westseite

Südseite mit Terrasse und Vorbau
Der großzügige Eingang

Obergeschoß

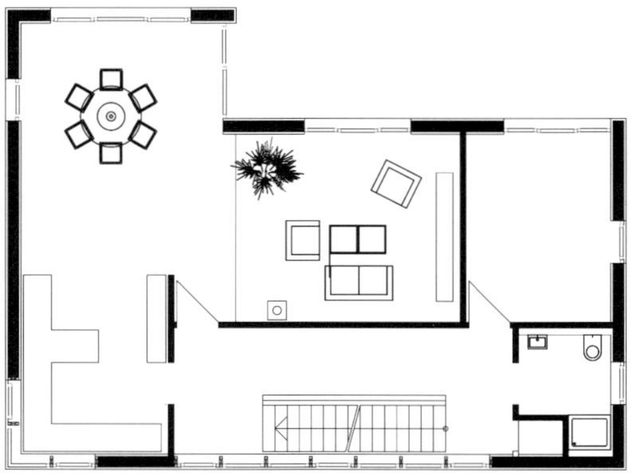

Erdgeschoß

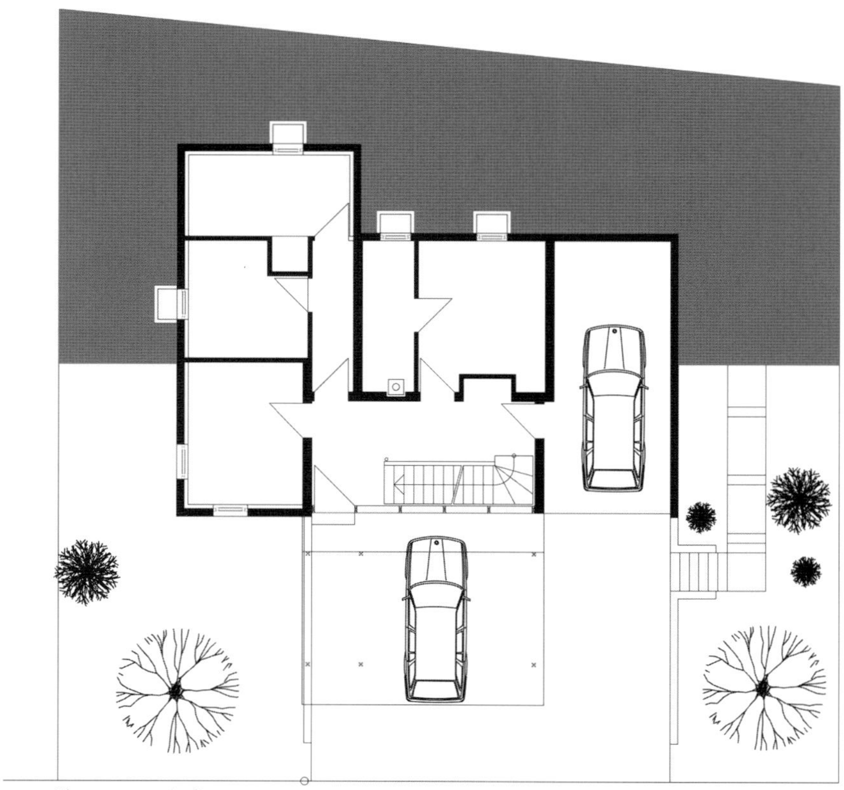

Eingangsgeschoß

Die Stahltreppe mit Holzstufen
Der Eßplatz im Vorbau

# Modell auf dem Land

## Einfamilienhaus in Aalen
## Architekt: Martin Wamsler, Markdorf

Südwestansicht

**Das Haus bildet den Abschluß einer von engagierten Bauherren initiierten Siedlung mit sechzehn Passivhäusern im Aalener Ortsteil Nesslau. Es fällt auf, da es als einziges den Holzbau auch nach außen hin sichtbar läßt.**

Auf einem optimal nach Süden ausgerichteten Grundstück wurde ein Bebauungsplan speziell für die Passivhaussiedlung »Im Sonnenwinkel« entwickelt und dies auch in den Festsetzungen mit dem Zwang zu einer Zertifizierung geregelt. Das Gebäude wurde, wie die meisten anderen Projekte in der Siedlung, mit einem extensiv begrünten Pultdach ausgeführt. Der kompakte, sich nach Süden öffnende Baukörper ist im Hanggeschoß in massiver Bauweise, in den oberen zwei Geschossen in reiner Holzbauweise errichtet.

Im Norden wurde das Treppenhaus mit Eingangsbereich aus der kompakten Hülle hervorgeschoben. Das frei auskragende Glasdach betont die Eingangssituation. Auf der Südseite ist dem Wohn-Eßbereich ein Balkon vorgelagert, über den man auch den Garten erreicht.

Der reizvolle Blick in Richtung Südost und Südwest wird durch »Übereckfenster« als besondere Lösung ermöglicht. Ebenso ist der Eßplatz etwas aus dem Gebäude herausgerückt, so daß man auch von hier aus die Sicht optimal genießen kann.

Die fünfköpfige Familie – die Bauherrin übrigens ist Architektin – teilt sich die drei Geschosse: Die Kinder haben ihre Zimmer im Hanggeschoß mit direktem Zugang ins Grüne, der Elternbereich liegt im Dachgeschoß, und man trifft sich im Erdgeschoß, wo Küche, Eß- und Wohnraum mit einem vorgelagerten Stahlbalkon angeordnet sind. Das Hanggeschoß kann später auch als Einliegerwohnung genutzt werden.

Das Gebäude sowie der Carport sind mit einer horizontalen, gehobelten Lärchenschalung bekleidet. Der hervortretende Treppenhausbaukörper mit dem frei auskragenden Glasvordach erhielt eine »mutige« rote Farbe, die sich an einigen Fenstern als Farbtupfer wiederholt.

Im Gebäude wurden drei gänzlich unterschiedliche Dämmarten verwendet: Die Bodenplatte steht auf fast fünfzig Zentimetern Schaumglasschotter (aufgeschäumtes Recyclingglas als Dämmung und Drainageschicht). Die Außenwände des Hanggeschosses sind aus Stahlbeton (Hangdruck) und wurden mit einer EPS-Dämmung (expandiertem Polystyrolschaum) versehen. Die beiden oberen Geschosse sowie das Dach bestehen aus einer Holzkonstruktion mit speziellen Stegträgern und 36 Zentimetern Zellulosedämmung.

Bauherr: Familie Kallien
Architekt: Martin Wamsler, Markdorf; Projektleiter: Martin Wamsler;
Mitarbeit: Rita Schollenberger, Ingrid Reichmann
Konstruktion, Energiekonzept: Passivhaus in Holzkonstruktion, Heizwärmebedarf 15 kWh/m$^2$a, Kaminofen-Pelletheizung für die Warmwasserbereitung und Restheizung, kontrollierte Be- und Entlüftung mit Erdwärmetauscher, Solarkollektoren in die Fassade integriert, Dämmung der Bodenplatte mit Recyclingglas, Regenwasserzisterne für WC-Spülung und Gartenbewässerung vorgesehen; zertifiziert durch das Passivhausinstitut Darmstadt 8/2004
Wohnfläche: 198 m$^2$ (innerhalb der thermischen Hülle)
Baukosten: 1697 Euro/m$^2$ Wohnfläche
Fertigstellung: 2004
Bauzeit: vier Monate
Standort: Solarsiedlung »Im Sonnenwinkel«, D-73434 Aalen-Nesslau

Ausschnitt der geschlossener gehaltenen Straßenseite

Ausschnitt der
Südwestansicht mit
Fassadenkollektor
und Sonnenschutz

Die Südostecke

Der Eingang mit Glasdach

Westseite

Erdgeschoß

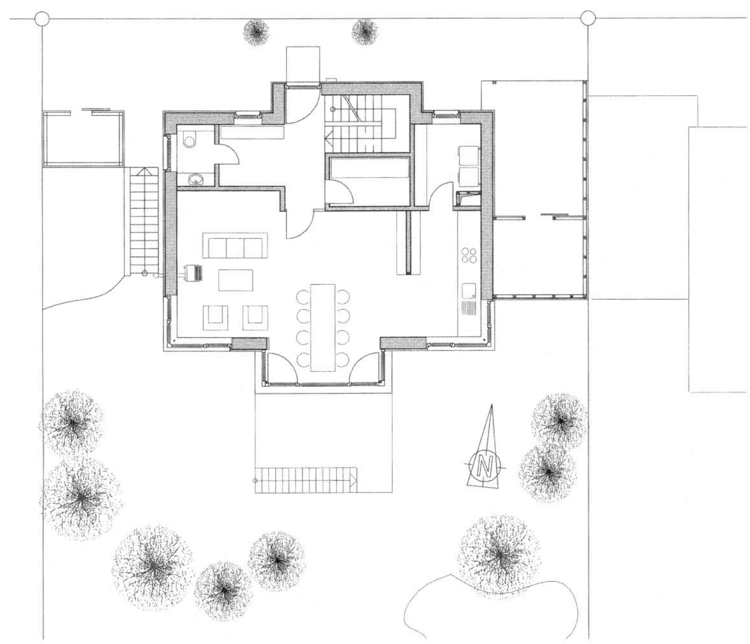

Untergeschoß

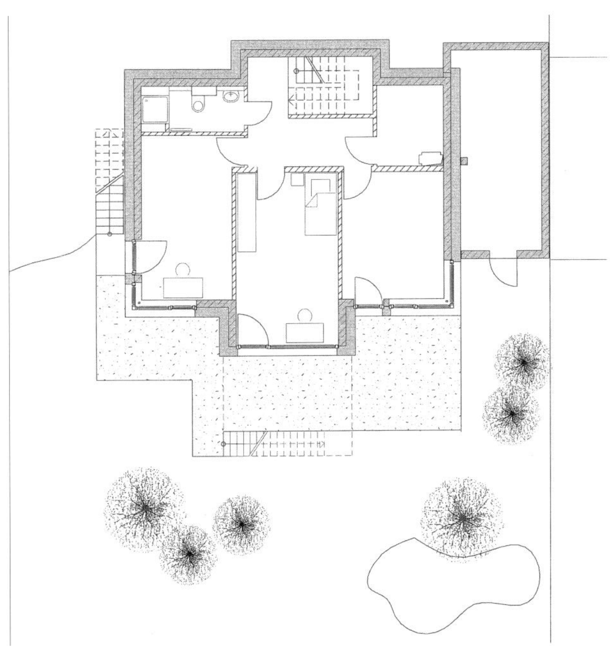

# Pult und Terrasse

## Einfamilienhaus in Grabs
## Architekten: Keller und Brandner, Vaduz/Sevelen

**In einem typischen Neubaugebiet, angrenzend an Felder, steht das hochkompakte Holzhaus, dessen Erkennungszeichen ein Pultdach mit vorgelagerter Dachterrasse ist. Das Haus erhielt den Minergiepreis des Kantons St. Gallen zugesprochen.**

Mit seiner Breitseite nach Süden ausgerichtet, fängt das Gebäude mit großen Wohnraumfenstern maximale Sonnenenergie ein. Auf kleiner, platzsparend und einfach strukturierter Grundfläche entwickelt sich das insgesamt vierstöckige Haus vor allem vertikal: Der Aufstieg wird von einer sonnigen und geschützten Dachterrasse mit Bergpanorama belohnt. Auch die übrigen Fenster sind präzise auf Höhepunkte der Umgebung ausgerichtet und rahmen das Landschaftsbild.

Das formal dem Industriebau entlehnte Profil des Hauses betont, daß es ein rationell errichtetes Bauwerk ist: In nur einer Woche wurde die vorgefertigte Holzkonstruktion auf dem betonierten Kellergeschoß errichtet. Die vertikale, von keinerlei Dachüberstand geschützte Lärchenholzschalung wird gleichmäßig vergrauen und sich den traditionellen Holzhäusern der Region angleichen.

Wände und Decken sind mit zwanzig Zentimetern Zellulose gedämmt und hinterlüftet, das Dach ist mit Blech gedeckt. Ein klares, kompromißloses Haus, das als Bautyp auch an anderen Standorten vorstellbar wäre.

Südansicht mit Sonnenschutz

Lageplan

Architekten: Keller und Brandner, Vaduz/Sevelen
Konstruktion, Energiekonzept: vorfabrizierter Holzelementbau, mit 20 cm Zellulose gedämmt, Solarkollektoren für Warmwasser, Minergiepreis des Kantons St. Gallen
Grundstücksfläche: 443 m² (mit Doppelhaus)
Geschoßfläche: 303 m² total, davon 221 EG/OG/DG
Baukosten: 1035 Euro/m² Geschoßfläche total BKP2
Bauzeit: 8–12/1999
Standort: Buchenweg 10, CH-9472 Grabs

Totale aus Südosten

Der offene Wohnraum im Erdgeschoß mit speicherfähigem Fußboden

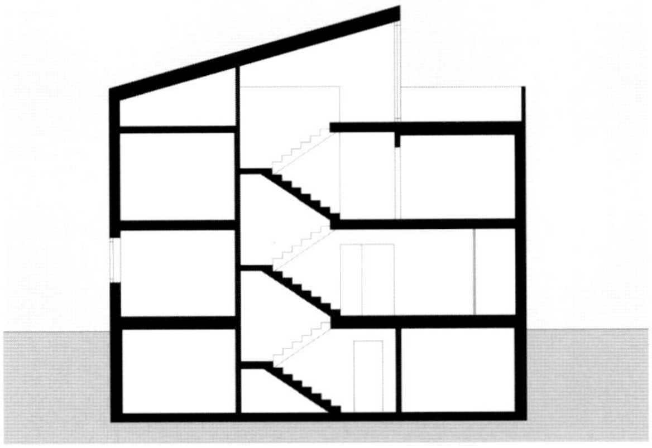

Längsschnitt

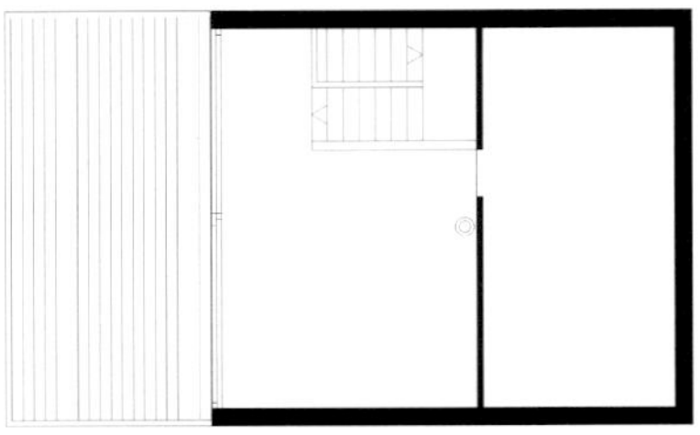

Dachgeschoß

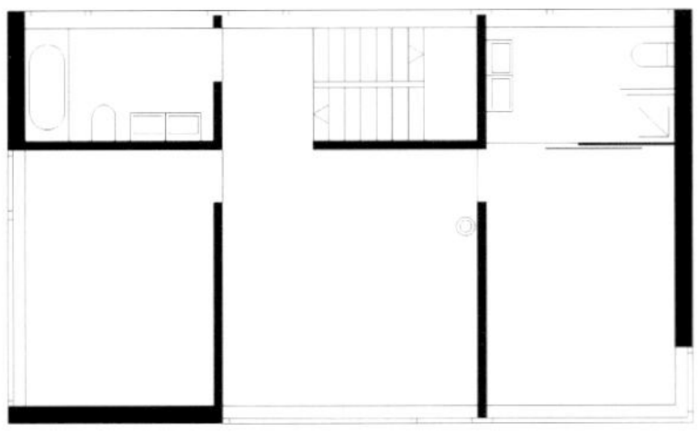

Obergeschoß

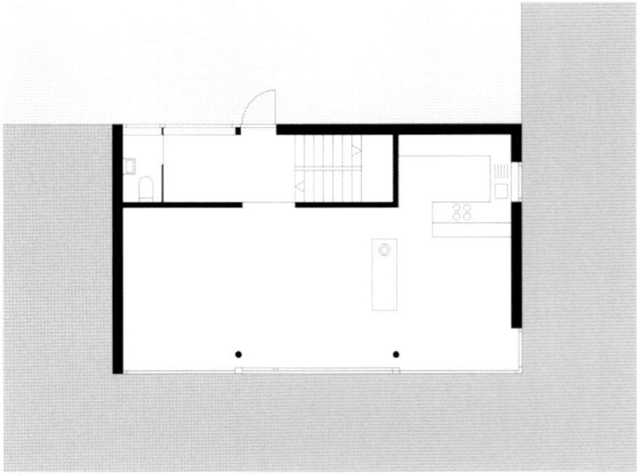

Erdgeschoß

Schlafraum im Obergeschoß
Auf der Dachterrasse

# Flexibles Stadthaus

## Einfamilienhaus in München
## Architekt: Sampo Widmann, München

**Klar nach Norden und Süden orientiert, mit großen Glasflächen und regulierenden Speichermassen, präzise bis ins Detail – so steht das geräumige und vielseitig nutzbare Haus auf kleinem Grund in der Großstadt München.**

Das an der Südseite hoch aufstrebende, durch die Vollverglasung sehr großzügig wirkende Haus wurde auf einem 500 Quadratmeter kleinen Grundstück zwischen konventionelle Nachbarn eingefügt. Eingang, innere Treppe und separates Treppenhaus liegen im Norden quer zur Straße. Durch den klar zonierten Aufbau lassen sich die drei Wohngeschosse auch getrennt nutzen. Während die Nebenräume im annähernd quadratischen Grundriß die Kernzone einnehmen und an den ansonsten geschlossenen Flanken über ein Lochfenster Licht erhalten, öffnen sich die Wohnräume zur Gänze nach Süden.

Der Beton der den Stahlskelettbau aussteifenden Konstruktion wurde im Inneren sichtbar roh belassen, lediglich farblos versiegelt. Das ergibt einen reizvollen Kontrast zu den feingliedrigen Elementen der Metall-Glas-Fassade und den rot hervorgehobenen Stahlfachwerkträgern, die an den hochgedämmten Flanken hinter der Wellblechhülle angeordnet sind.

Straßenansicht

Auch die Böden in grau eingefärbtem Estrich unterstreichen diesen Kontrast von schwer und leicht und übernehmen die wichtige Funktion des wärmeregulierenden Speichers, ergänzt durch textilen Sonnenschutz hinter der aus hochwertigem Glas bestehenden Südfassade.

Architekt: Sampo Widmann, München
Konstruktion, Energiekonzept: Massivbau, hochwärmegedämmt, zonierter Grundriß, südorientiert, Speichermassen aus Beton, Wärmedämmgläser, Warmwassergewinnung über Solarkollektoren vorgesehen

Terrasse mit Südfassade
Totale von Süden

Durchlaufende Stahlträger hinter Fensterelement

Detail der schlanken Aluminiumfensterrahmen

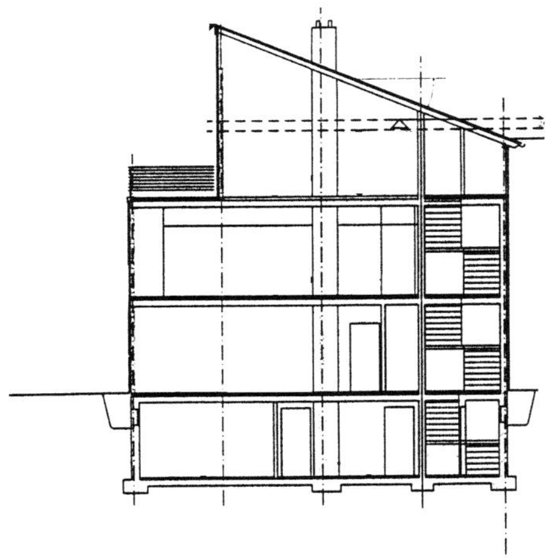

Nord-Süd-Schnitt

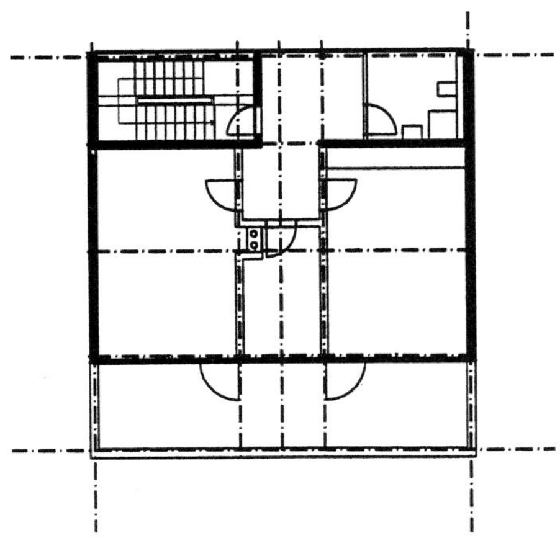

Dachgeschoß

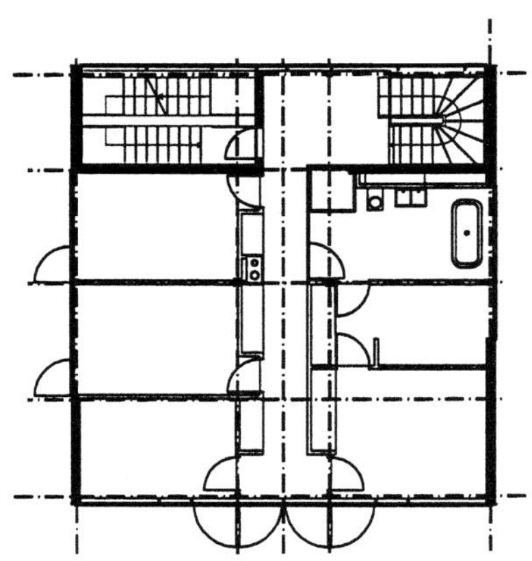

Obergeschoß

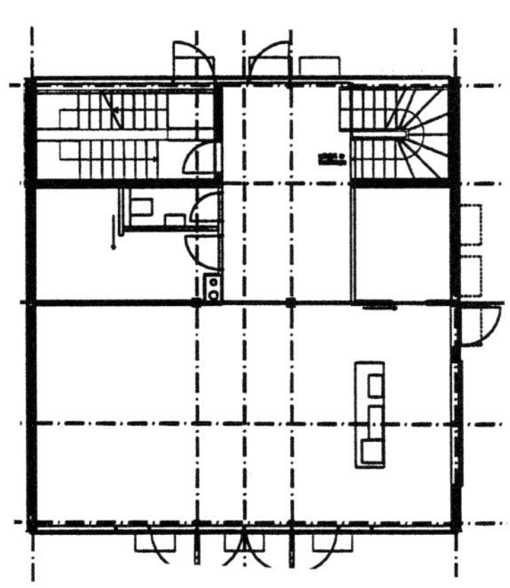

Erdgeschoß

Roher Beton im aussteifenden Treppenhaus

Großer Wohnraum im Erdgeschoß

# Arbeiten unterm Solardach

## Umbau und Erweiterung eines Einfamilienhauses in Leichlingen-Witzhelden
## Architekten: Proksch + Partner, Leichlingen

Auf der Galerie unter dem Solardach

**Die Solartechnik hat ein gutes Image, sie gilt als die saubere Zukunftstechnologie schlechthin. Beim Umbau eines Wohnhauses aus den fünfziger Jahren machte sich ein junges, dynamisches Unternehmen der EDV-Branche dieses Image zu eigen: Sein »Zuhause« ist fast energieautark.**

Das großzügige Haus liegt an einem Südhang mit Ausblick in die freie Landschaft, jedoch in Sicht- und vor allem Hörweite der Autobahn. Darum sollte bei der Erweiterung nicht nur ein ökologisches Zeichen gesetzt, sondern auch die Belastung der Mitarbeiter gemindert werden.

Man betritt den Firmensitz über den Solidität ausstrahlenden Altbau, der zwar in seinen konstruktiven Strukturen unverändert blieb, jedoch grundlegend umgestaltet wurde. So wurde aus der Küche der Empfangsbereich, aus dem Wohnraum das große Besprechungszimmer mit Kaffeetheke. Im von allen nichttragenden Wänden befreiten Obergeschoß sitzt die Software-Entwicklung, im Keller fanden der Server und sonstige Technik Platz.

Die auf der Talseite angefügte Erweiterung für sechs Mitarbeiter nimmt die Kanten und die Dachneigung des Altbaus auf, auch die Südfassade blieb im Inneren weitgehend erhalten. Das Erdgeschoß wurde im Anbau um wenige Stufen abgesenkt und folgt so dem Hangverlauf. Die diesen Hang großzügig überdachende Stahl-Glas-Konstruktion ruht auf neun innenliegenden Stahlbetonstützen. Eine Galerie vor dem Obergeschoß nutzt den Luftraum.

Die in das Dach integrierten monokristallinen Photovoltaikelemente filtern das Licht und verschatten gezielt die Bildschirmarbeitsplätze. Zusätzlich zur Lüftungsanlage mit Wärmerückgewinnung, die einen Pufferspeicher speist, gibt es auch Lüftungsflügel, die der sommerlichen Überhitzung vorbeugen. Bei starkem Frost kann für den Restwärmebedarf ein Feststoffkessel beheizt werden; in ihm verschwinden etwa die Paletten der Warenlieferungen.

Seit Inbetriebnahme bis Oktober 2004 hat die Anlage bereits 24 000 Kilowattstunden Solargleichstrom über vier Wechselrichter in das öffentliche Netz gespeist. Konventionell erzeugt, hätte dies 7,5 Tonnen Kohlendioxid freigesetzt. Eine auch gestalterisch gelungene Symbiose von Form und Inhalt!

Bauherr: fatherboard-computer GmbH
Architekten: Proksch + Partner, Dieter Proksch, Martin Linke, Mitarbeit: Achim Kern, Leichlingen
Konstruktion, Energiekonzept: Stahl-Glas-Dach mit integrierter Photovoltaikanlage aus monokristallinen Elementen mit einer Leistung von 10 300 Wp, Lüftungsanlage mit Wärmerückgewinnung und Aufladung in einen Warmwasserpufferspeicher; Deckung des Restwärmebedarfes über Feststoffkessel; Grauwasserkreislauf
Nutzfläche: Bestand 275 m², Erweiterung 249 m²
Baukosten: 665 000 Euro, davon 100 000 Euro für die Dachkonstruktion und die monokristallinen Photovoltaikelemente
Fertigstellung: Mai 2002
Standort: D–Leichlingen-Witzhelden (Bergisches Land)

Die Ostseite des Anbaus mit Fensterflügeln
Gartenansicht

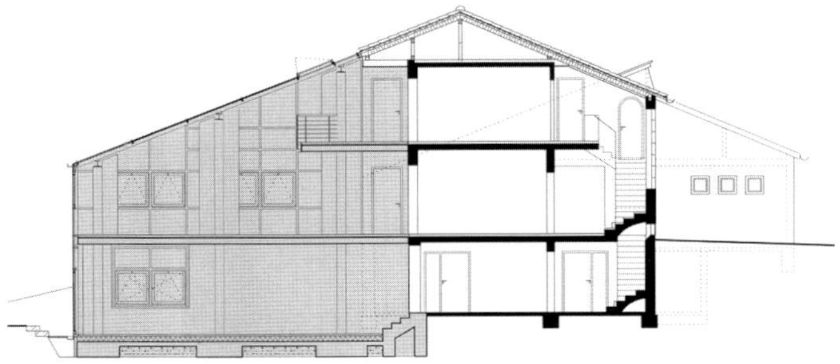

Querschnitt Neu-/Altbau

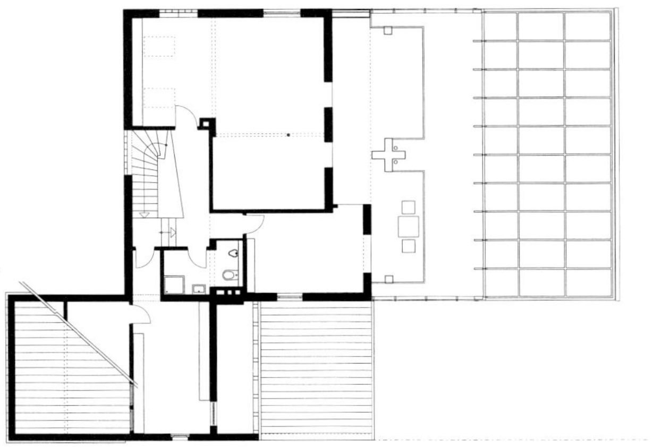

Dachgeschoß mit Galerie

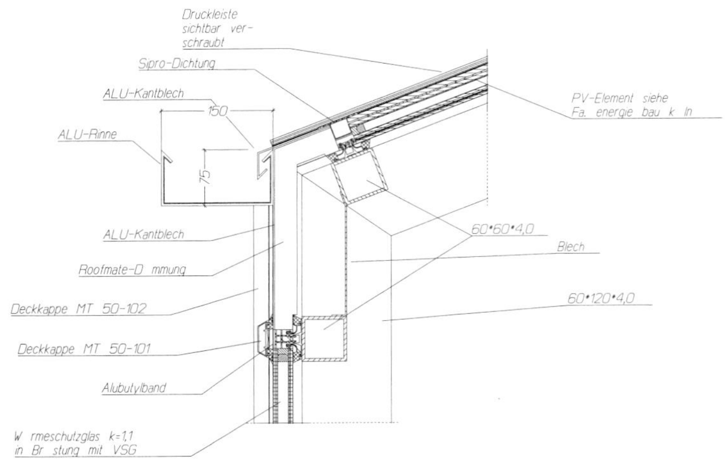


Detailschnitt Traufe Glasdach

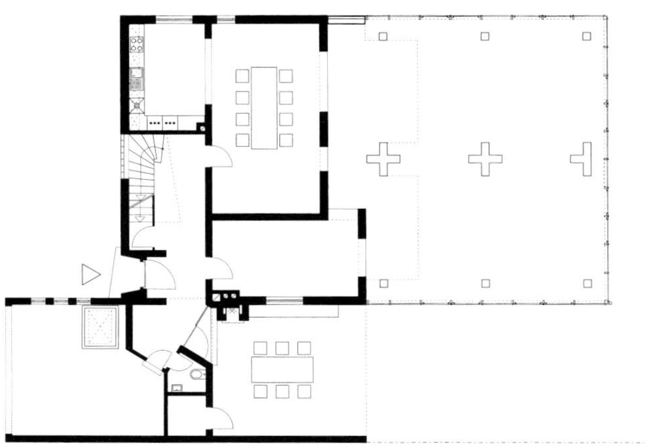

Erdgeschoß

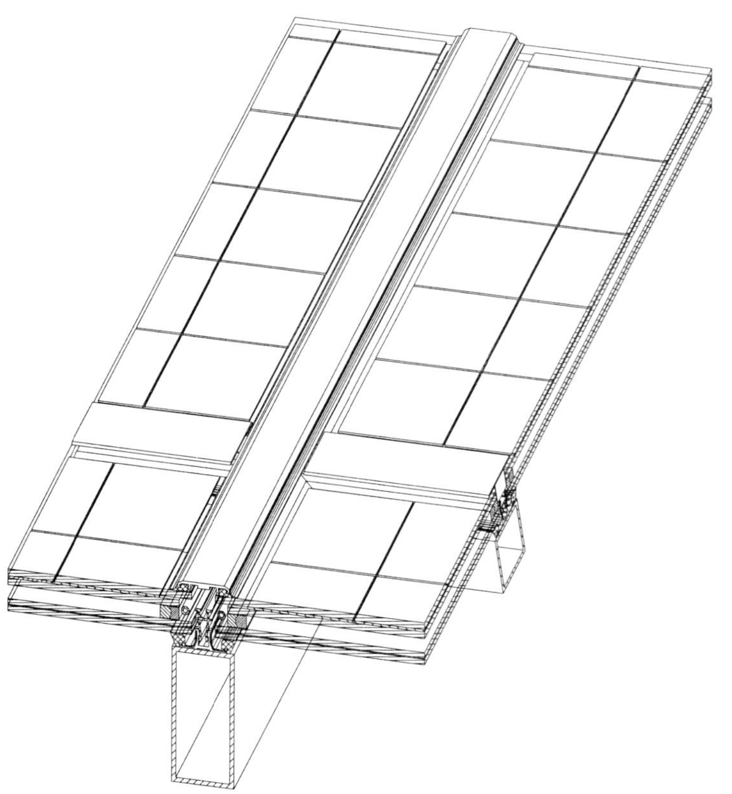

Isometrie Tragstruktur Glasdach

Büroraum im
Obergeschoß

# Roter Riegel

## Einfamilienhaus in Vaduz
## Architekten: Keller und Brandner, Vaduz/Sevelen

**Im Ensemble mit einem Doppelhaus derselben Architekten bildet das Haus den abschließenden »Höhepunkt« – von seiner Dachterrasse bietet es einen schönen Blick ins Rheintal. Der ruhige Holzriegel erfüllt den Minergiestandard und hat weitere ökologische Qualitäten.**

Auf dem sanft nach Westen abfallenden Hang, etwas abgerückt von der Landstraße, stehen die zwei Baukörper im Winkel zueinander. Das Haus der vierköpfigen Familie ist von Norden her über den gemeinsamen Vorplatz, an dem auch die Garagen liegen, zugänglich. Wie der ebenfalls gemeinschaftlich genutzte Garten verbindet dieser geschützte Hof das Ensemble.

Der einhüftig angelegte schmale Grundriß des Hauses wird in Erd- und Obergeschoß von einem langen Flur erschlossen, dem auch die zwei einläufigen Treppen über fast die ganze Länge der Ostwand folgen. Diese lange Treppenflucht gipfelt im Dachgeschoß unter einem runden Oberlicht.

Im Erdgeschoß mündet der von Nischen begleitete Flur in der geräumigen Küche, der die übrige Fläche einnehmende längliche Eß- und Wohnraum öffnet sich mit großen Fenstertüren zum Garten und auf den nach Südwesten orientierten Sitzplatz, der – eigentlich ungünstig für ein Energiesparhaus – in den Baukörper eingekerbt wurde und so geschützt ist.

Die Einteilung des Hauses läßt einigen Spielraum für Veränderungen: Während das Obergeschoß in vier gleich große, neutrale Zimmer gegliedert ist, öffnet sich im schmalen Staffelgeschoß der Bereich der Eltern großzügig auf die Dachterrasse.

Durch Vorfertigung konnten die Holzelemente in kürzester Zeit auf den betonierten Keller montiert werden; großformatige, mit Kunstharz getränkte Platten in leuchtendem Rot bilden die nur durch eine schmale Attika geschützte, hinterlüftete Wetterhaut. Zwanzig Zentimeter Zellulosedämmung und eine einfache Komfortlüftung mit Erdregister und Wärmerückgewinnung drücken den Wärmebedarf des Hauses auf Minergiestandard. Sonnenkollektoren auf dem begrünten Flachdach erwärmen das Brauchwasser.

Architekten: Keller und Brandner, Vaduz/Sevelen
Konstruktion, Energiekonzept: vorfabrizierter Holzelementbau, mit 20 cm Zellulose gedämmt, Komfortlüftung mit Erdregister und Wärmerückgewinnung, Solarkollektoren für Warmwasser, extensive Dachbegrünung
Grundstücksfläche: 1627 m² (mit Doppelhaus)
Geschoßfläche: 436 m² total
Baukosten: 1148 Euro/m² Geschoßfläche total BKP2
Bauzeit: 1–8/2004
Standort: Dohlenweg, FL-9490 Vaduz

Der Eingang am Hof

Lageplan

Totale aus Südwesten

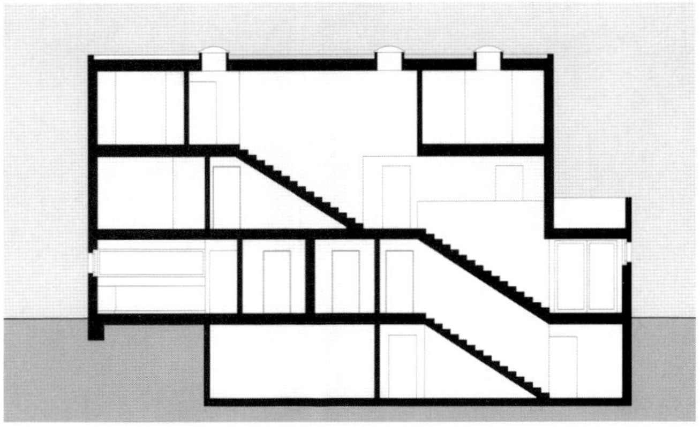

Schnitt

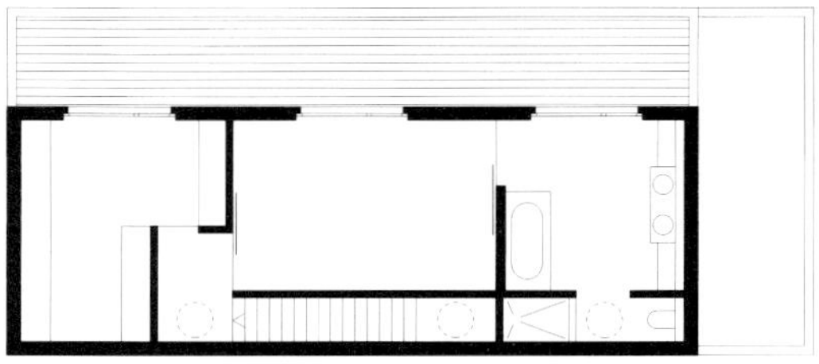

Dachgeschoß

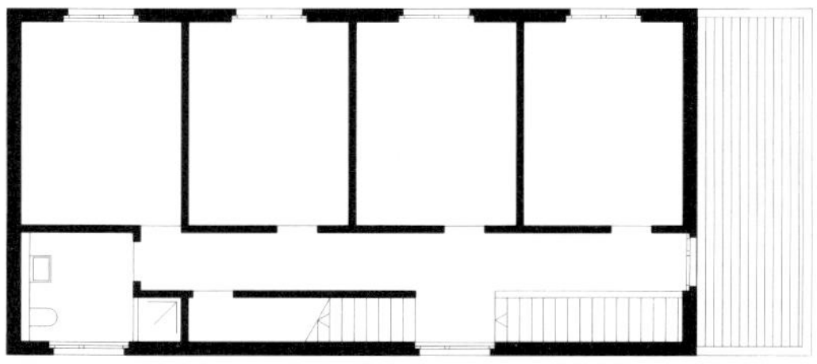

Obergeschoß

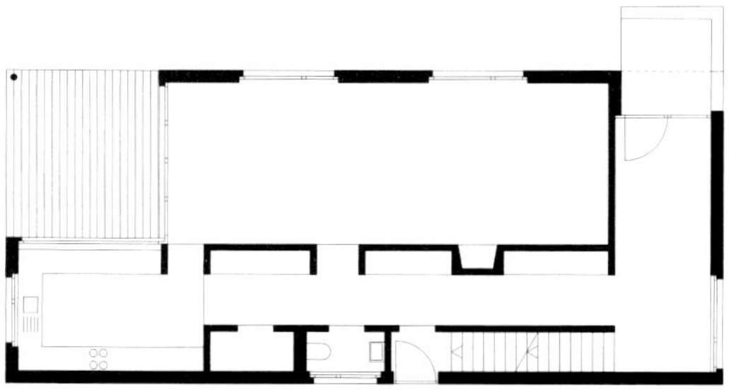

Erdgeschoß

Der Flur im Erdgeschoß

Südansicht

Die großzügige Treppenflucht
auf der Ostseite des Gebäudes

# Kompaktes Doppel

## Doppelhaus in Reutlingen
## Architekten: Haefele Architekten, Tübingen

**Als Pioniere des ökologischen Holzhausbaus sind die Architekten auch in diesem Projekt bei ihrer gestalterischen Linie geblieben: Das im Rahmen einer Nachverdichtung entstandene Haus in bevorzugter Aussichtslage ist schlicht und kompakt, dabei praktisch und auch in ökologischer Hinsicht sehr sparsam angelegt.**

Es ist also in jeder Hinsicht ein umweltverträgliches Haus, das da in zurückhaltend grau gehaltenem Holzkleid über Reutlingen entstanden ist: Hinter der breiten, aber leicht wirkenden Dachkrempe ist eine Reihe Solarkollektoren mit dem Haus nach Südwesten ausgerichtet. Dorthin öffnen sich auch die übereinanderliegenden Wohnräume der zwei Einheiten mit großen, geschoßhohen Fenstern und Schiebetüren. Abgesehen vom seitlich heraus gerückten Eingang ist die Box oberhalb des Fertigkellers und unterm Pultdach ganz in Holz ausgeführt: Es handelt sich um eine Holzrahmenkonstruktion, Außenwände und Dach sind mit zwanzig Zentimetern Zellulose hochgedämmt (mit vier bis sechs Zentimetern mehr und Dreifachverglasung wäre der Passivhausstandard erreicht gewesen). Die Wetterhaut besteht aus einer lasierten Lärchenschalung, die mit den weißen Rahmen der Holzfenster kontrastiert.

Das einzige, was etwas stört, sind die außen aufgesetzten Metallkästen der Sonnenschutzjalousien – funktional notwendig, doch in ihrer glänzenden Masse allzu klobig. Die Holzbaudetails, wie etwa auch die filigrane Treppe aus Stahl und Holz, sind, wie bei den Architekten nicht anders zu erwarten, ebenso ansehnlich wie solide erdacht und ausgeführt worden.

Südwestansicht

Lageplan

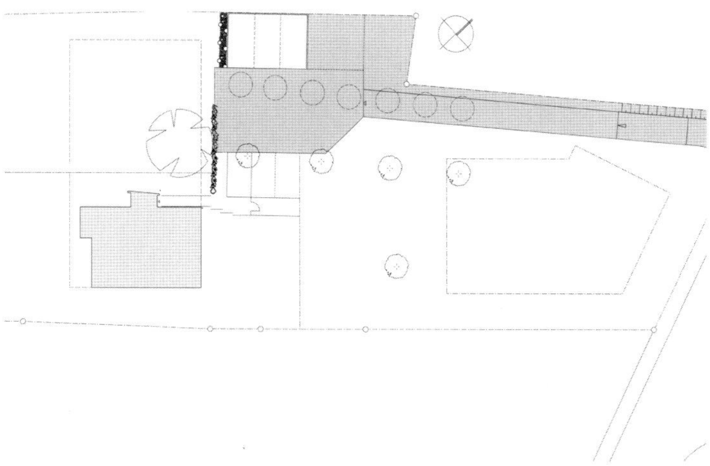

Bauherren: R. Kunz, O. Haug, Reutlingen
Architekten: Haefele Architekten (früher: Oed & Haefele), Tübingen
Bearbeiterin: Susanne Hug
Fachplaner: Schneck-Schaal-Braun, Tübingen
Bauphysik: Econsult, Klaus Lambrecht, Rottenburg
Konstruktion, Energiekonzept: Holzrahmenbau auf Betonfertigkeller im Niedrigenergiestandard (Passivhausstandard eingeplant), Gasbrennwertkessel, Südausrichtung, Solarkollektoren zur Brauchwassererwärmung und Heizungsunterstützung (Anteil: 33,4 %); Jahresprimärenergiebedarf (rechn.) 58,39 kWh/$m^2$a
A/V-Verhältnis: 0,56 $m^{-1}$
Wohnfläche: 232 $m^2$
Baukosten KG 2-7: 484 500 Euro
Bauzeit: 9/02–4/03
Standort: Bellinostraße, D-72764 Reutlingen

Die Eingangsseite
Die beiden Freisitze unter der breiten Dachkrempe

Im leicht
detaillierten
Treppenhaus

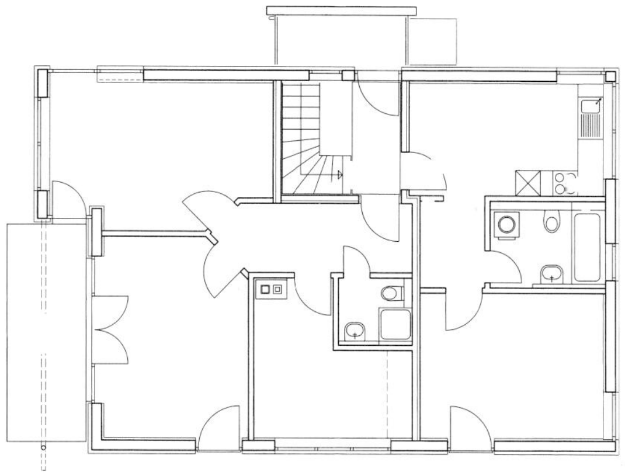

Obergeschoß

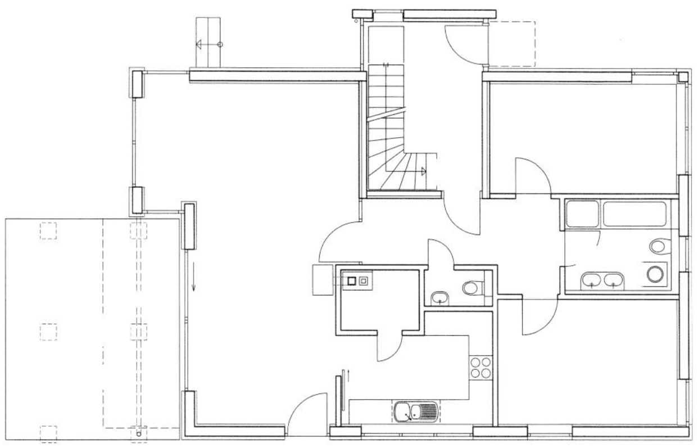

Erdgeschoß

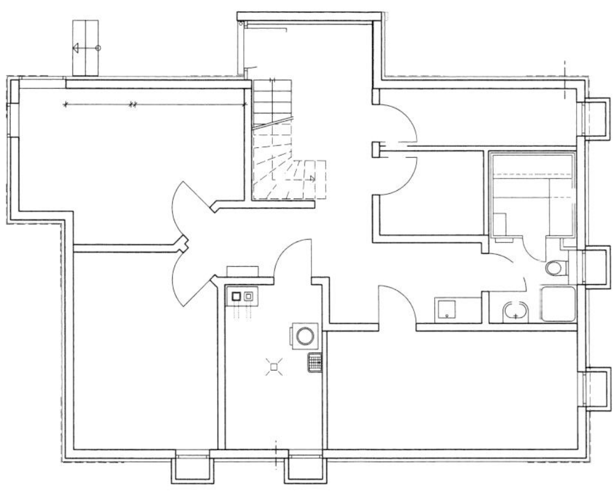

Untergeschoß

Die Südostseite

# Gelungenes Experiment

## Doppelhaus in München-Solln
## Architekten: Lichtblau Architekten, München

**Daß das Haus am Stadtrand von München so feingliedrig und schlank wirkt, hat seinen Grund nicht nur im Können der Architekten. Hier wurden Vakuum-Isolations-Paneele getestet, eine technische Neuerung, die eine platzsparende Alternative zur ausufernden »Superdämmung« werden könnte.**

Wärmedämmung braucht normalerweise viel Platz, sei es als massive Wand oder als aufgesetzte Dämmschicht – letztere ist bei Passivhäusern schon einmal vierzig Zentimeter stark. Das kostet Platz, Platz, der sonst als Wohnraum oder Garten genutzt werden könnte. Und die Details dieser Superdämmung sind meist auch alles andere als elegant.

Initiiert vom Münchener Zentrum für angewandte Energieforschung, überzeugte das Vorhaben zunächst die für ihre Experimentierfreude bekannten Architekten, dann den Bauherrn, der auf dem sonnigen Eckgrundstück im Vorort Solln eigentlich ein Massivhaus bauen wollte – gewinnt er doch durch die innovative Dämmung rund fünfzehn Quadratmeter nutzbaren Grund hinzu!

Vakuum-Isolations-Paneele, kurz VIP, sind mikroporöse Pulverpreßplatten aus dem Rohstoff Sand, die bei der Halbleiterproduktion als Abfall entstehen. Ihr Wärmedurchlaßwiderstand ist extrem hoch. Nähme man sie in dieser Form als Dämmung, wären die nötigen Querschnitte nur halb so dick wie bei konventionellen Stoffen, etwa Mineralwolle oder Styropor.

Werden die Platten darüber hinaus in Aluminiumverbundfolie eingeschweißt und wird die Luft abgesaugt, dämmen sie gleich mindestens sechsmal so gut, das heißt, statt 24 Zentimetern Mineralwolle reichen vier Zentimeter VIPs (U-Wert=0,14 W/m$^2$K). Den silbernen Platten trauen Fachleute eine Haltbarkeit von 25, wenn nicht sogar fünfzig Jahren zu.

Die Verarbeitung am Bau muß geübt werden: Wegen des Vakuums dürfen die Paneele weder genagelt noch irgendwie verletzt werden. Auch im eingebauten Zustand müssen die Bewohner davon abgehalten werden, in der Nähe von VIPs heimwerkerisch tätig zu werden. Ziel der Architekten war daher, ein praxistaugliches Bausystem zu entwickeln, das die Paneele schwebend verwendet und ihren Austausch im Fall von Versagen ermöglicht. Auch aus diesem Grund ist das Holzhaus auf einem strengen Raster von 1,10 mal 1,10 Metern aufgebaut.

Die Schlankheit der Skelettkonstruktion ist frappierend: Nur acht Zentimeter starke, 55 Zentimeter breite Brettschichtholztafeln aus Lärche bilden die geschoßhohe Außenwand, die innen sichtbar bleibt. Auf ihnen liegen die 12 Zentimeter starken Deckenplatten auf, die ebenfalls sichtbar blieben. Das Pultdach tragen die bekannten TJI-Träger, deren Zwischenräume mit Zellulose ausgefüllt wurden.

Außen auf der Tragstruktur liegt eine gekreuzte Lattenkonstruktion, in welche die VIPs eingelegt wurden, beidseitig flankiert von Holzweichfaserplatten und Luftdichtung. Umlaufende Kompribänder dichten die Stöße und halten die Paneele in der Schwebe. Die Außenhaut bilden schwedenrot lasierte Fichte-Dreischichtplatten, die aus der neuartigen Konstruktion ein freundliches, warmes Holzhaus machen. Die horizontalen Fugen in Grau, die leichte Ausbildung des überstehenden Dachs und der vorgehängten Decks, die schmalen Fensterrahmen – all dies fügt sich zwischen den erhaltenen alten Bäumen zum Bild eines feinen, überdies flexibel nutzbaren Hauses: Dank des neutralen, modularen Aufbaus und der im Norden konzentrierten Erschließung kann es in bis zu vier Wohnungen unterteilt werden.

In dem als Wärmepuffer dienenden Treppenhaus wie auch an Teilen der Südseite wurden transluzent wärmegedämmte Lichtelemente verwendet. Dreischeibenverglasung, kontrollierte Lüftung mit Wärmetauschern, Solarkollektoren unter Prismenglas vervollständigen die Niedrigstenergiequalität des Modellhauses. Regenwassernutzung und extensive Dachbegrünung kommen hinzu.

Thermografische Aufnahmen des Gebäudes kontrollierten die wärmebrückenfreie Ausführung und die hervorragende Dämmwirkung der Paneele.

Bauherr: Familie Dr. F.
Architekten: Lichtblau Architekten BDA, Florian und Wendelin Lichtblau, München; Mitarbeit: Nicole Jendges
Ingenieure: Ingenieurbüro EST (HLS), Ingenieurbüro Dittrich (Statik); Forschungsvorhaben des Zentrums für angewandte Energieforschung (ZAE), Bayern
Konstruktion, Energiekonzept: Flexibel teilbarer, vorgefertigter Holzskelettbau aus Lärchenbrettschichtholz, verkleidet mit Fichtenholztafeln, teilweise Massivholzwand, Dämmung aus Vakuum-Isolations-Paneelen (VIP, U=0,14 W/m$^2$K), Dreischeibenverglasung und transluzente Lichtelemente, passive und aktive Solarnutzung (Solarkollektoren für Heizung und Warmwasser mit Pufferspeicher), kontrollierte Lüftung über Erdwärmetauscher und Wärmerückgewinnung (90 %), Gasbrennwertkessel, Heizwärmeverteilung über Luftwärmetauscher und Wandflächen mit Einzelraumregelung, Heizwärmebedarf 22 kWh/m$^2$a, Primärenergiebedarf 59 kWh/m$^2$a (ohne Haushaltsstrom); Regenwassernutzung (10 m$^3$) für Toiletten, Waschen, Putzen, Garten
Nutzfläche: 291,6 m$^2$ HNF (beheizt) + 144,8 m$^2$ NNF
Baukosten: ca. 700 000 Euro KG 3+4 brutto
Bauzeit: 4–12/2001, Bezug 1/2002
Standort: D-München-Solln

Nord- und Ostseite mit dem Eingang

Die feingliedrige Südansicht

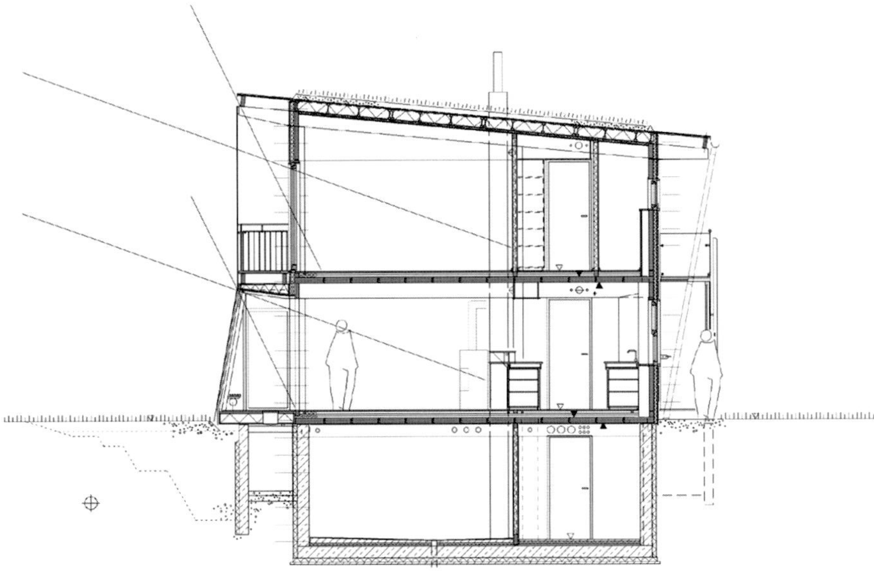

Querschnitt

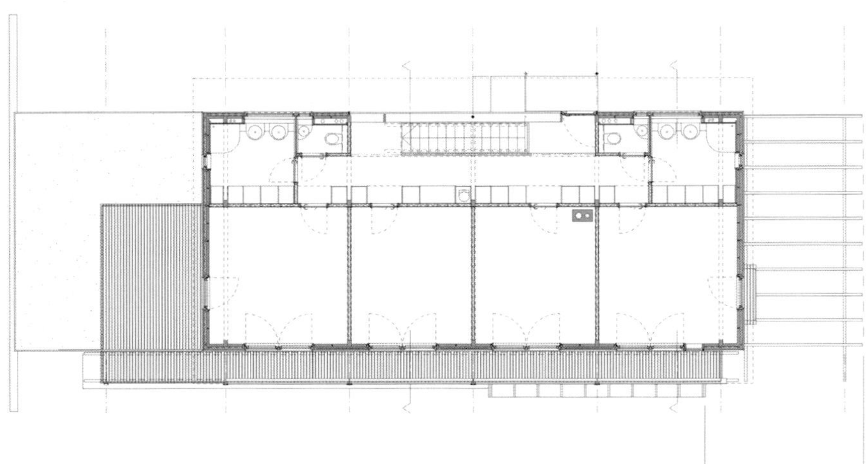

Obergeschoß

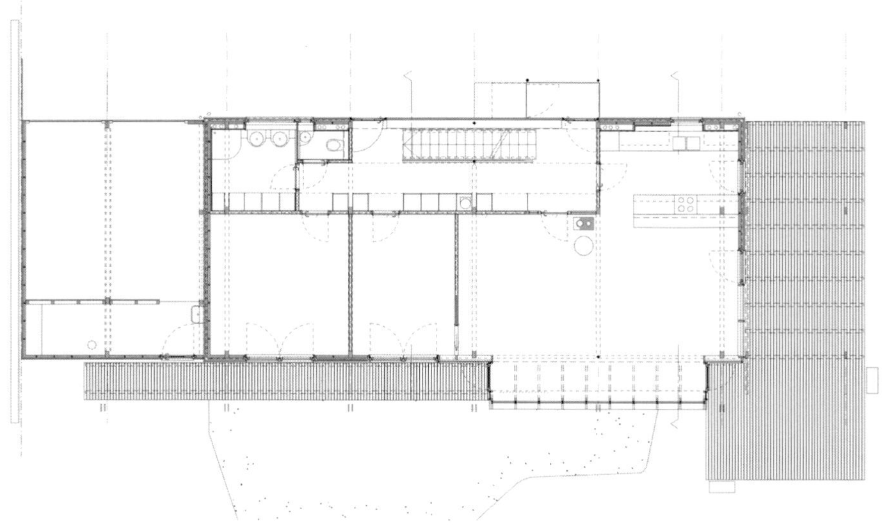

Erdgeschoß

Die Südseite mit dem verglasten Vorbau vor dem Wohn- und Eßzimmer

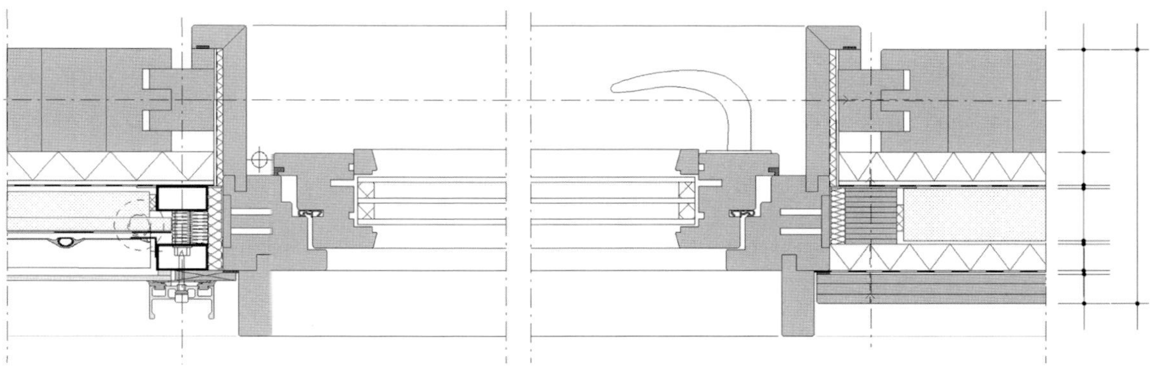

Detail Fenstertür-Anschluß horizontal: zwischen zwei Weichfaserplatten »schweben« die VIPs

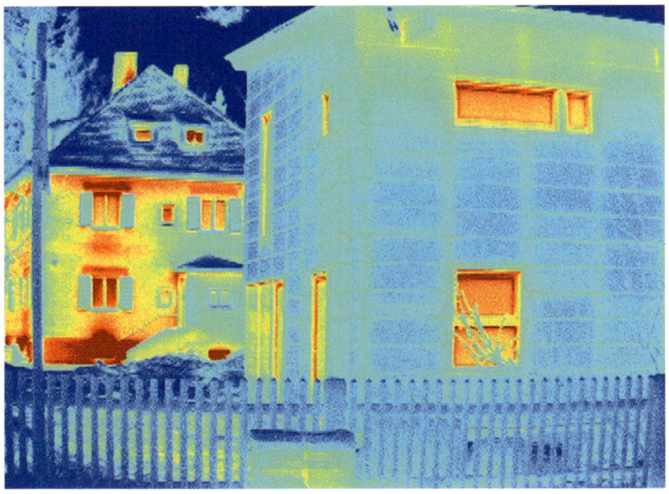

Die Thermographie zeigt, wie lückenlos und gut das Haus gedämmt ist

Der Wohnraum mit dem Glasvorbau und sichtbarer Holzkonstruktion

Flexibler Pufferraum: der Flur auf der Nordseite

Flur und Eingang von außen

# Kisten voller Sonne

## Reihenhaussiedlung in Batschuns
## Architekt: Walter Unterrainer, Feldkirch

Lageplan

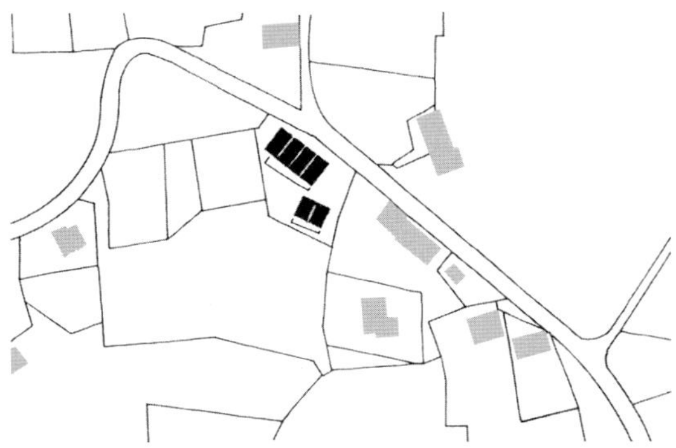

**Klare Volumen, Lärchenholzlatten und Low-Tech-Details – der »Vorarlberger Look« wird heute in ganz Europa reproduziert. Doch jenseits ästhetischer Vorlieben ist die Region hinterm Bodensee inzwischen auch für Fachplaner von Belang, denen die Integration von Solartechnik in die Architektur ein Anliegen ist. Dafür und für ihre Ästhetik ist die Wohnanlage in Batschuns beispielhaft.**

Ein Haus im Grünen mit großer Terrasse, vorn die Alpen, hinten der Bodensee, mit schöner Aussicht, ländlich modern, vom Kinderzimmer ist der Säntis zu sehn – so oder ähnlich ließe sich an diesem Ort Tucholsky paraphrasieren. Indes, fast möchte man diesen Wirklichkeit gewordenen Traum geheim halten, so unansehnlich schwappt schon ganz in der Nähe der Siedlungsbrei die Hänge hinauf. Um an den See und in die Berge zu gelangen, quält sich der Reisende durch einen schier endlosen Verstädterungsteppich. Vorarlberg, so scheint es, ist vollgebaut.

Auf einer Fläche von der Größe des Saarlands leben hier 350 000 Menschen, und fast jeder träumt den Traum vom eigenen Haus. So hat eine Generation es geschafft, doppelt so viel Fläche zu verbrauchen wie alle Generationen vor ihr – und jedes Jahr kommen 900 neue Einfamilienhäuser hinzu (1).

Wer als Architekt an dieser Situation etwas ändern will, ist auf individuelle Überzeugungsarbeit angewiesen. Im Falle des idyllischen Fleckens hier leisteten aufgeklärte Bauherren wichtige Vorarbeit: Ein großer Teil des zur Verfügung stehenden Areals, immerhin 5000 Quadratmeter Obstbaumwiese, wurde in den Verhandlungen mit den Behörden in landwirtschaftliche Fläche zurückgestuft und damit dem Siedlungsdruck entzogen. Im Gegenzug durfte der obere Teil, 1440 Quadratmeter, mit sechs Reihenhäusern verdichtet bebaut werden.

Architekt des Modellprojekts ist Walter Unterrainer, Mitglied der legendären Gruppe Vorarlberger Baukünstler, die seit Anfang der achtziger Jahre den guten Ruf der Region in Architektenkreisen begründete. Für seine »Kistenarchitektur« inzwischen vielmals ausgezeichnet, ist Unterrainer immer noch für Irritationen gut. »Unsere Hasenställe waren subversiv, eine Provokation für die Wohlstandsprediger«, meint er rückblickend (2) – und baut heute hocheffiziente Hasenställe.

Von weitem fügt sich das unscheinbare Ensemble dem Weichbild der Landschaft gut ein: Das Grau der Lärchenholzschalung korrespondiert mit den Holzschindeln der traditionellen Bauernhäuser in der nahen Nachbarschaft; deren mächtige Dächer nehmen die nackten Kisten unter ihre Fittiche. Erst aus der Nähe wirkt der radikal kostensparende, jede regionalistische Reminiszenz meidende Ansatz Unterrainers etwas fremd: Ganz und gar ungemütlich staffeln sich die Wohneinheiten gleichförmig die Straße hinab, garniert einzig vom dürren Gestänge der Treppengeländer, am Ende ein Schlund – die Tiefgarage. Diese Ästhetik der Serie wird auf der Talseite zwar durch Einblicke in das Innenleben der Häuser gemildert, doch treten hier die technischen Aspekte der Planung in den Vordergrund, was die containerhafte Anmutung noch verstärkt: Nach solaren Kriterien korrekt nach Südsüdwesten orientiert, tragen die Fassaden zwischen den Fensteröffnungen großflächige Solarkollektoren. Bis auf ein paar schmale, die Hauseinheiten voneinander trennende Bretter sind die Fassaden so in den Dienst der Sonnen-Ernte gestellt, aktiv wie passiv – das ganze Haus ist ein Kollektor!

Hat man dann, neugierig geworden, vergeblich einen Schornstein am Haus gesucht und statt dessen den lauwarme Luft aushauchenden Wickelfalzrüssel im Garten entdeckt, fügen sich kompakte Form und innovative Technik zum Bild eines Niedrigstenergiehauses, das dank luftdichter Konstruktion und Superdämmung allein einer in die Lüftung integrierten Mini-Wärmepumpe als Heizung bedarf – die Vakuumröhrenkollektoren decken über Pufferspeicher den Bedarf an Warmwasser. Hocheffiziente Gläser (k-Wert 0, 5) und thermisch getrennte, aber überhaupt nicht plump wirkende Rahmen passen ins Bild.

Apropos Bild: Der Blick aus den stützenfreien Innenräumen läßt dann doch alle Irritationen vergessen: »ein drittel garten, ein drittel weite landschaft und berge, ein drittel himmel«, beschreibt, notorisch kleinschreibend, der nun gar nicht mehr so nützlich-nüchtern denkende Architekt.

Der zog übrigens selbst in eines der Reihenhäuser, die nicht nach den kollektiven Idealen der »Baukünstler« von einst, sondern für den anonymen Markt errichtet wurden. Über die neutrale Hülle hat sich indes eine freundliche Schicht aus Wohnzutaten gelegt, die Häuser scheinen nicht nur technisch, sondern auch sozial zu funktionieren. Und unten im Garten, hinter dem hauchenden Rüssel, steht sogar ein echter Hasenstall.

Bauherr: Errichtergemeinschaft Amann/Ess, Batschuns
Architekt: Walter Unterrainer, Feldkirch
Haustechnik, Simulation: IBN – Ingenieurbüro Peter Nasswetter, Zwischenwasser-Batschuns
Konstruktion, Energiekonzept: Holzrahmenbau mit Kollektorfassade, Lüftungsanlage mit Wärmepumpe und Erdreichvorerwärmung,
Heizwärmebedarf: 9,8-11 kWh/m$^2$a
Nutzfläche gesamt: 780 m$^2$
Baukosten: ca. 1,1 Mio Euro
Bauzeit: 1998
Standort: A–Zwischenwasser-Batschuns (Vorarlberg)

Straßenperspektive

Wider den Landschaftsverbrauch: Die Obstbaumwiese unterhalb der Häuser bleibt als Ausgleich für die verdichtete Bebauung dauerhaft erhalten.

(1) ... über das glück in vorarlberg zu wohnen, momentaufnahme einer baukultur. Katalogbuch zur Ausstellung im Vorarlberger Architekturinstitut, Dornbirn, 1999/2000

(2) zitiert nach: Hanselmann, Ulla: Revolution im Hasenstall. In: Deutsches Allgemeines Sonntagsblatt, Nr. 50/1999

(3) Sayah, Amber: Neue Architektur in Vorarlberg. München, 1997

Fassadenkollektoren und schlanke Dreifachverglasung prägen die Südfassade.
Unter den Decks wird die Tiefgarage entlüftet.

Flur im Obergeschoß

Perspektive aus Südwesten, hinten der kleinere Baukörper

Schnitt

Obergeschoß

Der stützenfreie, vollverglaste Wohnraum mit Bergpanorama im Erdgeschoß

Erdgeschoß

# Hofhäuser im Tarnkleid

## Reihenhaussiedlung in Allschwil
## Architekten: Ruth Giger + Crispin Amrein, Basel

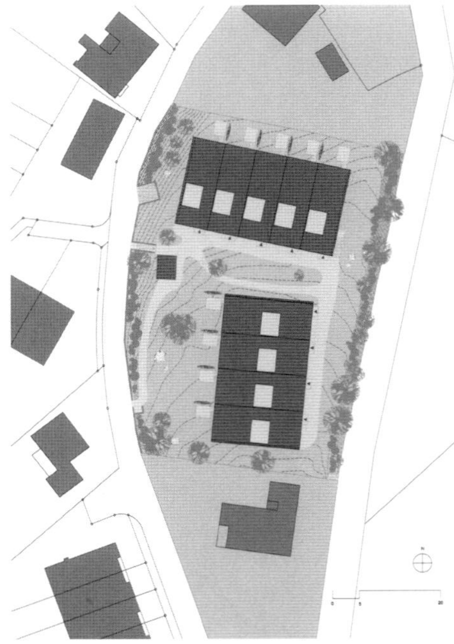

Lageplan

**Der Fortschritt im Energiesparen kommt oft auf leisen Sohlen daher. Die kleine Siedlung aus neun Reihenhäusern in Allschwil wurde in einen alten Park gesetzt und deshalb als Rahmen für und Reverenz an die Landschaft gestaltet. Die kompakten Patiohäuser erfüllen jedoch den schweizerischen Minergie-plus-Standard.**

Für das Grundstück auf einer kleinen Anhöhe am Rand des alten Dorfkerns Konzepte zu entwickeln, lud die Bauherrschaft im Jahr 2001 sieben Architekturbüros ein. Den Anstoß zu einer hinsichtlich Ökologie und Nachhaltigkeit mustergültigen Überbauung des wertvollen Areals gab eine Stiftung, die den Architekten großen Spielraum ließ.

Das Konzept von Ruth Giger und Crispin Amrein, den Park als allen gemeinsamen Außenraum zu bewahren, indem man den Bewohnern im Inneren der Häuser privaten Freiraum bietet, überzeugte die Jury, nicht zuletzt wegen des Lärms vom nahen Basler Flughafen. Die Fassaden der Häuser aus den für die Überbauung gefällten Bäumen zu fertigen, ließ sich zwar wegen des Gelbsäuregehaltes des Holzes nicht verwirklichen, die Idee überdauert jedoch in der Farbgebung der Holzschalung.

So stehen die zwei niedrigen, kompakten Riegel nun ohne störende individuelle Zutaten homogen im Tarnkleid da, der Rest des Parks ist durch Wege, Skulpturen und einen Pavillon behutsam nutzbar gemacht. Lediglich etwas Weidengeflecht hegt kleine Sitzplätze vor den Häusern ein und macht die Reihung der Einheiten deutlich. Zielgruppe für die im Stockwerkseigentum veräußerten Häuser war der »ökoliberale Mittelstand«, der bereit ist, Besitzstandsdenken zugunsten der Gemeinschaft zurückzustellen. So gibt es auch nur eine, gemeinsam betriebene Heizung. Da die Stiftung das Land zudem im Baurecht überließ, war die gemeinschaftliche Nutzung des Parks möglich. Eine Tiefgarage wurde unter den nördlichen Riegel in den Hang geschoben.

In der waldartigen Atmosphäre der Anlage erschien es sinnvoll, auf die Minimierung der Energieverluste zu setzen: Die zwei Riegel oder Blöcke sind hochkompakt, der Energiebedarf für Heizung und Warmwasser liegt bei nur 13 kWh/m$^2$a.

Dank des zentralen, zweigeschossigen Patios entwickeln sich die Grundrisse über 16,45 Meter in die Tiefe, wobei durch einen Naßzellenkern bis zu vier Raumschichten entstehen. Der Patio wird durch ein eigens entwickeltes Hubdach abgeschlossen. Nur relativ kleine, tief eingeschnittene Öffnungen prägen die Fassaden, kleine Vordächer akzentuieren die Hauseingänge, die an Wohnwegen einmal im Osten, einmal im Süden angeordnet wurden.

Die Konstruktion entstand in Mischbauweise, um ein ausgewogenes Verhältnis von Speichermasse und Dämmstärke zu schaffen. Böden, Decke und Haustrennwände wurden konventionell betoniert oder gemauert. Die umschließenden, selbsttragenden Außenwände bestehen aus zweigeschossigen, komplett vorgefertigten Holzelementen mit bis zu 28 Zentimetern Dämmung. Die Holz/Metall-Fenster sind dreifach verglast, nur der Patio wird von Einscheiben-Sicherheitsglas umschlossen, da sein Oberlicht hochgedämmt ist. Fußwarme Holzböden erhöhen die Behaglichkeit im ganzen Haus. Nur im Patio wurde der Beton belassen, um die hier signifikante Sonneneinstrahlung zu speichern.

Bei der gewählten Mischbauweise war es wichtig, die Schnittstellen sorgfältig auszubilden, um die Luftdichtigkeit zu erreichen. Komfortlüftung, zentrales Blockheizkraftwerk und Solaranlage decken in einem innovativen System den Restwärmebedarf.

Die charakteristische Fassadenschalung besteht aus sägerauhen Tannenbrettern, die in fünf Farbtönen des verwitternden Holzes gebeizt und farblos lasiert wurden. Da sie sichtbar verschraubt wurden, lassen sich Reparaturen leicht ausführen.

Bauherr: Wohnstadt Bau- und Verwaltungsgenossenschaft, Basel
Architekten: Ruth Giger + Crispin Amrein, Basel
Holzbauingenieur: Makiol + Wiederkehr, Beinwil am See
Energieberatung: Heini Glauser, Windisch
HLS-Planung, Zertifizierung: Zurfluh Lottenbach, Luzern
Landschaftsarchitektur: Crispin Amrein + Ruth Giger, Basel; Erika Maack, Künstlerin (Beratung) und Guido Bossard, Landschaftsarchitekt (Beratung)
Kunst am Bau: Erika Maack
Konstruktion, Energiekonzept: hochkompakte Mischkonstruktion im Minergie P-Standard, Energiebedarf 13 kWh/m$^2$a, zentrales Blockheizkraftwerk, unterstützt durch Solaranlage, Komfortlüftung
Wohnfläche: 9 Häuser zu 130 bzw. 158 m$^2$
Baukosten: 575 sFr/m$^3$ BKP 1-5, gesamt ca. 7 Mio sFr
Bauzeit: 4/2003–8/2004
Standort: Rebgässli, CH-Allschwil BL

Die zwei Zeilen im Park; vorn Kunststoffskulpturen von Erika Maack

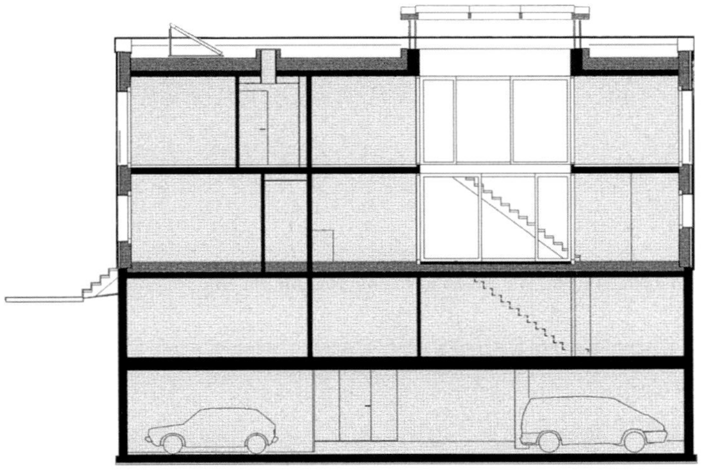

Querschnitt des schmaleren Haustyps

Obergeschosse der zwei Haustypen

Erdgeschosse

Ausschnitt der fünffarbig gebeizten und lasierten Tannenholzschalung mit schlankem Fensteranschluß und außen angebrachtem Sonnenschutz

Der helle Patio ist über einfach verglaste Schiebetüren in den Wohnbereich einbezogen

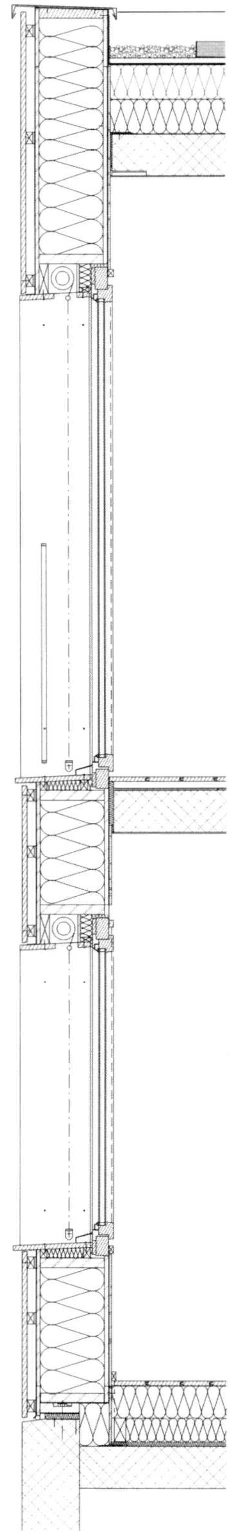


Fassadenschnitt

Das speziell entwickelte Hubdach

Wohnraumperspektive mit Patio

# Häuser ohne Heizung

## Reihenhäuser in der Solarsiedlung Aachen-Laurensberg
## Architekten: Hahn Helten Architekten, Aachen

**Eine der ersten vom Land Nordrhein-Westfalen geförderten fünfzig Solarsiedlungen entstand am Rande des Aachener Stadtteils Laurensberg. Hier ist zu besichtigen, wie energiesparendes Bauen jenseits der Experimente Alltag werden kann.**

Die zwei Reihenhauszeilen wurden von den Architekten entworfen, die auch das Gesamtkonzept der Siedlung entwickelt haben. Ihr Büro liegt in einem neuen Pilotprojekt für natürlich belüfteten Bürobau am Eingang zur Siedlung.

Ihre Lage unweit eines stark befahrenen Autobahnzubringers läßt die hochgedämmte und mit Zwangslüftung arbeitende Passivhausbauweise auch unter Immissionsaspekten sinnvoll erscheinen. Die Hauszeilen sind annähernd nach Süden orientiert, von Norden über Wohnwege erschlossen, wo Schuppen als Ersatz für die Keller angeordnet wurden – eine Standard-Stange also, mit Satteldach statt des fast schon passivhaustypischen Pultdachs; die Grundrisse sind in Nord-Süd-Richtung zoniert, mit quer liegender Treppe, die das Wohnen vom Eßplatz und den Nebenräumen trennt.

Erkennbar anders macht die Häuser vor allem die aktive Solarenergienutzung, hier nicht auf dem Dach, sondern an der Südfassade im Bereich der Obergeschosse, wo sie vor allem für die tief stehende Wintersonne und bei Schnee günstig plaziert sind, für die Zeit, in der der Wärmebedarf am größten ist. Das ist gestalterisch schlüssig gelöst; es ist endlich einmal nicht so, daß die Kollektoren am Ende draufgesattelt werden, sondern sie sind integraler Bestandteil der Fassade. Der ganze Baukörper wirkt, auch dank der bündigen Dachkanten und der flachen Deckung, straff und klar. Zu starker Uniformität wirken farbliche Akzente in den Brüstungsfeldern und Trennwände zwischen den Gartenterrassen entgegen.

Als Konstruktion wurde eine Mischbauweise gewählt: die Nord- und die Giebelseiten mit kleinen Öffnungen wurden als Wärmedämmverbundsystem ausgeführt, wobei die dreißig Zentimeter Styroporstärke keineswegs dick auftragen. Die Fensternischen sind flach, die Anschlüsse gut gelöst. Allerdings ergaben sich Probleme an gerade diesen Übergängen, denn die Südseiten sind als Holzständerwände ausgeführt (mit noch eleganteren Fenstertüren). Durch das unterschiedliche Verformungsverhalten kam es hier zu Rissen, was für die beim Passivhaus erforderliche Luftdichtigkeit kritisch ist.

Auch bei der Heizung der Räume gab es Lernprozesse. Passivhäuser sind häufig im Erdgeschoß kühler als in den oberen Stockwerken – so auch hier. Die nur mittels Kollektoren und einer Abluftwärmepumpe beheizten Häuser wurden im ersten Winter nicht warm genug, so daß der Einbau einer »richtigen« Holzpelletheizung erwogen wurde. Wegen des hohen Grundwasserstands wurde auf einen Erdreichwärmetauscher verzichtet und gegen die Vereisung der Lüftungsanlage ein Defroster eingebaut, der mehr Strom als die Lüftung verbraucht.

Das Raumklima empfanden die Bewohner jedoch als angenehm. Die Solarkollektoren funktionierten einwandfrei, der 400-Liter-Speicher war im Winter nach zwei bis drei Stunden auf siebzig Grad temperiert. Im Sommer kam es auch ohne den eingeplanten Sonnenschutz nicht zu Überhitzung der Räume, selbst nicht bei ausgeschalteter Lüftungsanlage, nur durch Nachtlüftung.

Bauherr: Gewoge, Gemeinnützige Wohnungsgesellschaft für Aachen AG, Aachen
Architekten: Hahn Helten Architekten, Aachen
Haustechnik: VIKA Ingenieur GmbH, Aachen
Konstruktion, Energiekonzept: 13 Reihenhäuser im Passivhausstandard, Mischbauweise; A/V=0,39 bzw. 0,55 bei Reihenendhaus, Heizwärmebedarf 10,7 bzw. 13,5 kWh/m$^2$a; 12,4 m$^2$ Fassadenkollektoren mit 400-l-Speicher decken 60 % des Warmwasserbedarfes, Lüftungsanlage mit Wärmetauscher
Wohnfläche: 157 bzw. 161 m$^2$ Energiebezugsfläche (innerhalb der thermischen Gebäudehülle)
Baukosten: 169.230 Euro, entsprechend 1.051 Euro/m$^2$ Energiebezugsfläche
Fertigstellung: 2002, Bauzeit: 10 Monate
Standort: Schurzelter Winkel 21–45, D-52074 Aachen

Luftbild mit dem Lageplan der Solarsiedlung; in der Mitte rechts die beiden Hauszeilen

Die konventionellere Nordseite
mit Nebengebäuden
Südansicht mit den Fassadenkollektoren

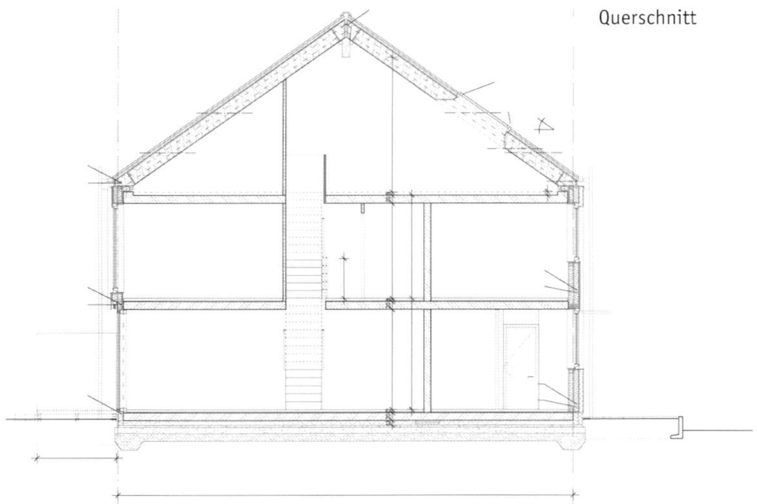

Querschnitt

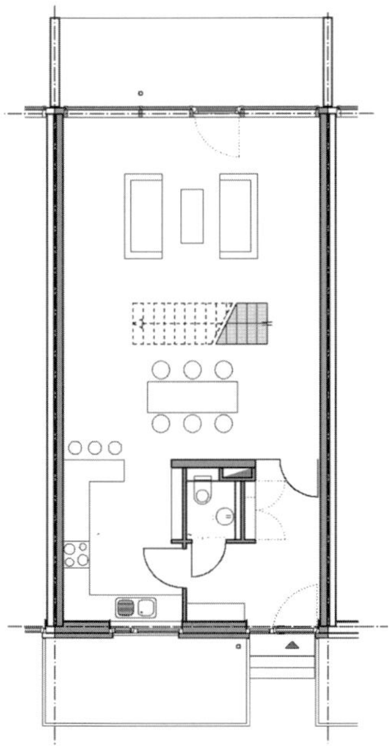

Erdgeschoß

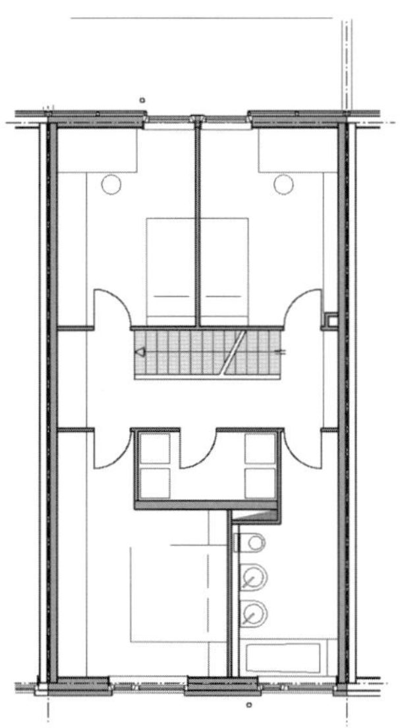

Obergeschoß

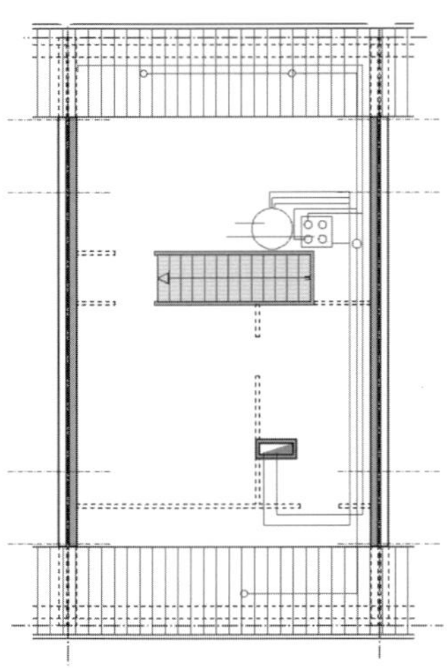

Dachgeschoß

Überblick aus Südosten

Ausschnitt der Südfassade

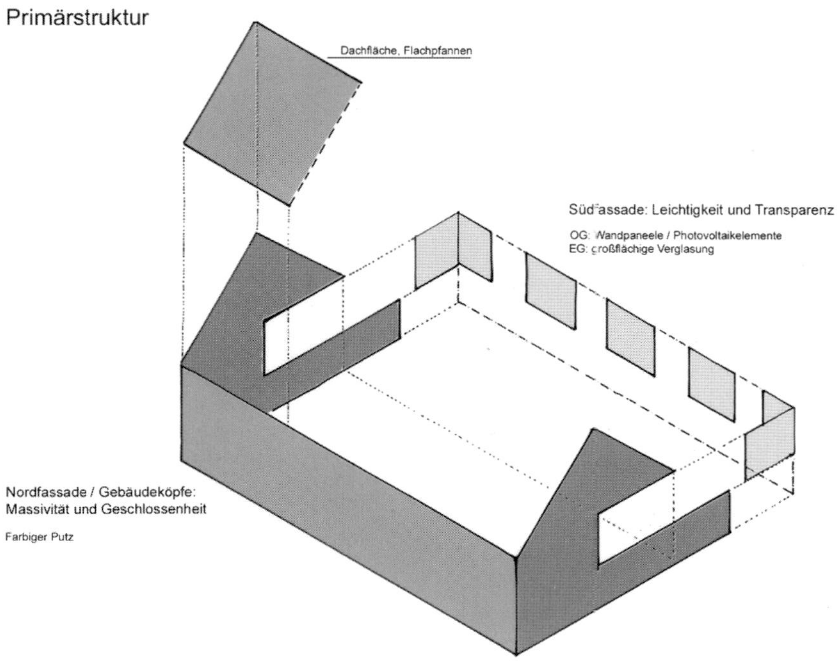


Isometrien zum Aufbau der Gebäude

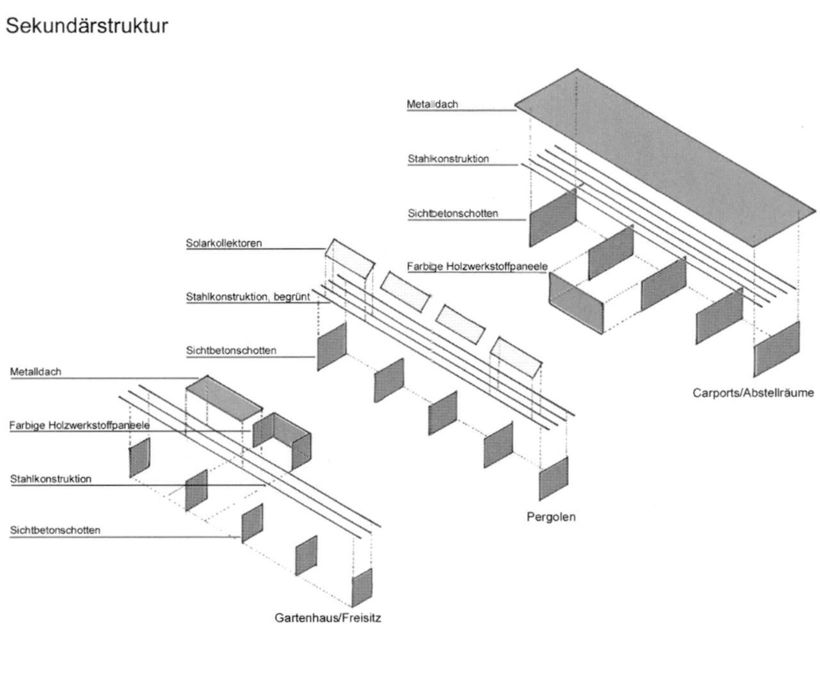

# Energiesparpark

## Reihenhaussiedlung in Karlsbad
## Architekten: werk.um Architekten, Darmstadt

**Die hoch effiziente Holzhausgruppe fügt sich harmonisch in die Landschaft des Nordschwarzwalds. Ihre ausgeklügelte Konstruktion und Technik treten hinter die Ensemblewirkung zurück – ein intelligentes »Dorf« am Rand des Gewerbegebiets.**

Die dreigeschossigen Reihenhäuser folgen einer Hangkante und bilden den räumlichen Abschluß eines Gewerbeparks. Die Einheiten mit 176 Quadratmetern Wohnfläche lassen sich in zwei Wohnungen von 60 bis 118 Quadratmetern unterteilen.

Die Häuser orientieren und öffnen sich konsequent nach Süden. Ein vorgelagerter, vom Dach abgehängter Balkon schützt in den Sommermonaten vor der Sonne und verleiht den seriellen Fassaden räumliche Tiefe.

Der Grundriß ist in Schichten von Nord nach Süd organisiert: Zentral ist die von einer quer liegenden Treppe begleitete Wandscheibe, die über alle drei Geschosse reicht. Diese Wand übernimmt sowohl technische als auch konstruktive Funktionen und gliedert das Gebäude. In ihr werden Lüftungskanäle für die kontrollierte Lüftung sowie die Elektroinstallation geführt. In die Beplankung wurden Strahlungsheizelemente in Lehm eingeputzt.

Landschaftlich eingebettet: Das Ensemble aus zwölf Passivhäusern folgt einer Hangkante

Die Gebäude sind mit modernster ökologischer Haustechnik ausgestattet: kontrollierter Lüftung mit Wärmerückgewinnung, zentraler Pelletofenheizung für den Restwärmebedarf, Vakuumröhren-Solarkollektoren.

Der Wandaufbau ist bestimmt von dem Erfordernis, Wärmebrücken zu vermeiden. Die zwölf Zentimeter starke Installationsebene wurde als statisch tragende Ebene auf den Keller aus Stahlbeton gestellt. Davor befindet sich die dreißig Zentimeter starke Dämmebene – durchgehend von der Sohle bis zum Dach: im Keller aus PU-Platten, im Holzbau aus einer nichttragenden Doppelstegträger-Konstruktion mit Zellulosedämmung. Die Wind- und Luftdichtigkeitsebene befindet sich zwischen tragender Installationsebene und Dämmebene.

Das Dach besteht aus einer einschaligen Konstruktion mit 42 Zentimetern Dämmung. Die Decke zwischen Erd- und Obergeschoß wurde als Holzrippendecke ausgeführt. Die Südfassade ist eine Pfosten-Riegel-Konstruktion. Die stählernen Balkone wurden von dem Dachüberstand abgehängt, um wärmeleitende Wanddurchbrüche zu vermeiden.

Die Gebäude entsprechen den Richtlinien des Passivhausinstitutes Darmstadt.

Bauherr: Alfred Ritter GmbH, Waldenbuch
Architekten: werk.um Architekten, Darmstadt
Tragwerksplanung: bauart Konstruktions GmbH, Lauterbach
Konstruktion, Energiekonzept: hochgedämmter Holzbau, zum Teil mit Lehmputz; kontrollierte Lüftung mit Wärmerückgewinnung, zentrale Pelletofenheizung für den Restwärmebedarf, Vakuumröhren-Solarkollektoren
Umbauter Raum: 8800m$^3$
Wohnfläche: 2129m$^2$
Baukosten KG 3+4: 3 722 909 Euro
Bauzeit: 2000/2001
Standort: D-76307 Karlsbad

Gesamtschau von Süden

Einer der geschoßhoch verglasten Wohnräume mit vorgehängtem Balkon

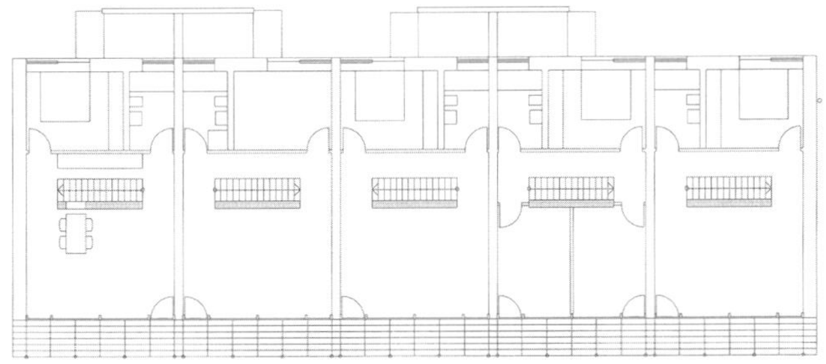

Dachgeschoß

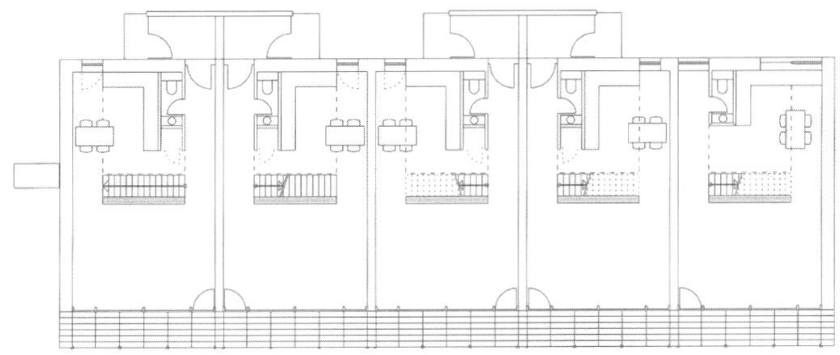

Eingangsgeschoß

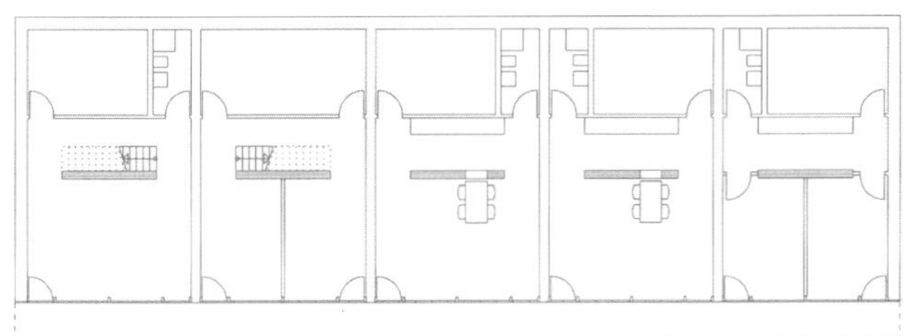

Untergeschoß

Schnitt

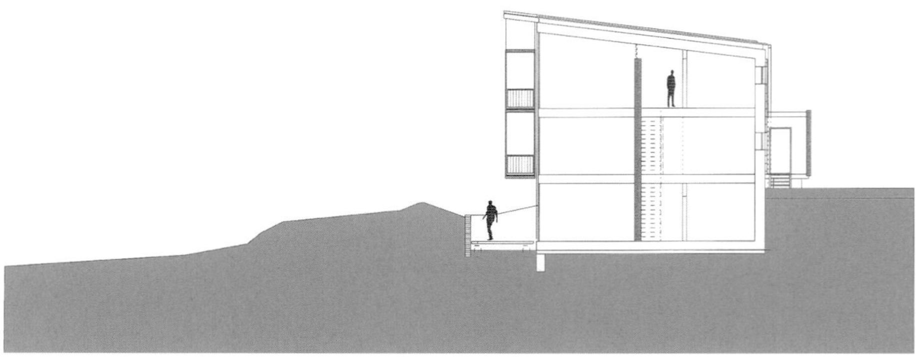

Ausschnitt der Südfassade: Durch Modellierung des Geländes wurden drei Wohngeschosse möglich

# Bauen gegen den Treibhauseffekt

## Mehrfamilienhaus in München-Neuriem
## Architekten: Lichtblau Architekten, München

Balkonband vor der Südfassade

**Nachhaltigkeit wurde bei der Planung der neuen Münchener »Messestadt« groß geschrieben. Doch die Architektur der vielen Wohnhäuser hat bislang enttäuscht, mit wenigen Ausnahmen wie dem Holzhaus, das Ökonomie und Ökologie überzeugend in Einklang bringt.**

Das Haus, haben die Architekten berechnet, läßt sich 23 Jahre komfortabel bewohnen, ohne zum Treibhauseffekt beizutragen. Denn es ist aus Holz, und das hat, während es wuchs, der Atmosphäre bereits 250 Tonnen Kohlendioxid entzogen. Und es ist so effizient konstruiert, daß es sich mit dem Äquivalent von zwei Litern Heizöl pro Quadratmeter und Jahr heizen läßt. Wird es einmal nicht mehr gebraucht, läßt es sich problemlos in seine Einzelteile zerlegen und verwerten. Dabei wiegt es lediglich ein Viertel konventioneller Bauten, die zudem »ökologische Rucksäcke« für ihre Herstellung zu schleppen haben. Mit derartigen schweren und auch sonst ziemlich langweiligen Nachbarn teilt sich das Haus ein Stadtquartier auf Recycling-Land, ganz so, wie es die Planer seit Jahrzehnten predigen: dicht, doch grün, kinderfreundlich, da (fast) autofrei, kurze Wege führen zu Einkauf und U-Bahn.

Ein Haus also jenseits der Sonntagsreden und bunten Öko-Fibeln: Es zeigt, was geht und wie es geht – schon seit langem gegangen wäre, wenn man nur Ernst gemacht hätte mit den proklamierten Zielen. Die Architekten »könnten lange weiter reden über die Trägheit, zuweilen Schizophrenie, des allgemeinen und fachlichen Bewußtseinsstandes angesichts existentieller Bedrohung unserer Lebensgrundlagen.«

Wie ein »Gutmensch« unter Gleichgültigen steht das Haus also im Allgemeinen Wohngebiet Nr. 10 der Messestadt, ein »Gartenhaus mit Bastelgenehmigung« (die Architekten), 1998 angestoßen von der Obersten Baubehörde, aufgegriffen von der Stadt im »München Modell«, umgesetzt von einem großen Bauträger. Das Budget für ein Niedrigenergiehaus im Sozialen Wohnungsbau hat das »Zwei-Liter-Haus« zwar geringfügig überschritten, die errechnete Gesamtwirtschaftlichkeit aus Bau und Betrieb über zwanzig Jahre erbringt jedoch schon heute eindeutige Vorteile. Die Kundschaft kam denn auch und kaufte – spart sie doch gegenüber der neuen Energieeinsparverordnung gut tausend Euro im Jahr an Wärmekosten, ohne für die anfängliche Mehrinvestition aufkommen zu müssen. Warum nur sind Bauträger und Fördergeber so wenig wagemutig?

Am Erfolg der Vermarktung hatte indes die Architektur gewichtigen Anteil: Weit entfernt vom Klischee der hermetischen »Thermosflasche«, stellt sich das Sparhaus freundlich und zugänglich dar. Der Energiebilanz etwas abträgliche Einstülpungen (für den Laubengang) und Ausbauchungen (für die Südfenster) bieten dem Quartiersleben Übergangsräume; Bäume, welche die Fassade womöglich länger als nötig verschatten, wurden von den Landschaftsarchitekten trotzdem gepflanzt. Die rigide Lärchenholzbox auf der Basis eines neuartigen Skelett-Tafelsystems aus Vorarlberg wirkt auf diese Weise wohlintegriert. Da die Konstruktion Stützen und Aussteifungen minimiert, sind die Wohnungen variabel und über die konstruktiven Schotten hinaus kombinierbar (derzeit gibt es neun große Wohneinheiten). Sollte die Messestadt einmal mehr als ein »Familiengetto« werden, läßt sich so die Sozialstruktur ausbalancieren. Das Erdgeschoß ist bereits barrierefrei gestaltet. Ein Lift am Laubengang läßt sich nachrüsten.

Vorbereitet, aber zunächst nicht realisiert wurde aus Kostengründen auch die Solarnutzung auf dem Dach der leichten Balkonkonstruktion vor der Südseite – obwohl sie sich jetzt bereits rechnen würde. Im Konzept speisen sechzig Quadratmeter Kollektoren einen 2000-Liter-Pufferspeicher, der dem am obligatorischen Fernwärmenetz hängenden 750-Liter-Warmwasserspeicher vorgeschaltet würde.

Geheizt wird ebenfalls über eine fernwärmegestützte zentrale Pumpen-Warmwasserheizung, wobei jede Wohnung mit einem Zulufterwärmer und einem Heizkörper im Bad auskommt. Denn eine Wärmerückgewinnungsanlage pro Wohnung holt neunzig Prozent der Energie aus der Abluft (250 $m^3/h$); die Zuluft wird über eine 35 Meter lange Erdleitung von außen angesaugt und vorgewärmt. Dichte hochgedämmte Dach- und Wandkonstruktionen (0,11–0,15 $W/m^2K$) sowie Dreischeibenverglasung (0,7 $W/m^2K$) minimieren die Energieverluste. Die vorgefertigten Wandelemente sind mit Holz-Zellulose gedämmt.

Für zusätzliche Solargewinne sorgt eine auffällige Erfindung an der Südfassade: Einfachverglasung vor farbigen Massivholzlamellen, der effektive U-Wert: 0,05! Das intensive Türkisblau dieser Felder wird künftig einen Kontrast zum Silbergrau der Lärchenholzpatina setzen. Zwischen Pink, Gelb und Blau der Nachbarschaft erscheinen diese Tupfer fast als die einzige bewußt »gestalterische« Note an diesem ebenso effizienten wie unaufdringlichen Bauwerk. Schade, daß anstelle der Pseudo-Vielfalt ringsum nicht mehr Pionierleistungen dieser Art möglich waren!

Bauherr: Gewofag, München AG
Architekten: Lichtblau Architekten BDA, München; Projektbearbeiter: Christoph Rein
Konstruktion und Energiekonzept: »2-Liter-Haus«, Holzskelett-Tafelbau, hochgedämmt, Dreischeibenverglasung, Fernwärmeheizung, Zulufterwärmung, Wärmerückgewinnungsanlage, solare Brauchwassererwärmung vorbereitet
Baukosten: geringfügig über dem Limit des Sozialen Wohnungsbaus
Fertigstellung: 2001
Standort: Georg-Kerschensteiner-Straße 12, D-81829 München

Gesamtschau von Südwesten
Die Nordseite mit dem Laubengang

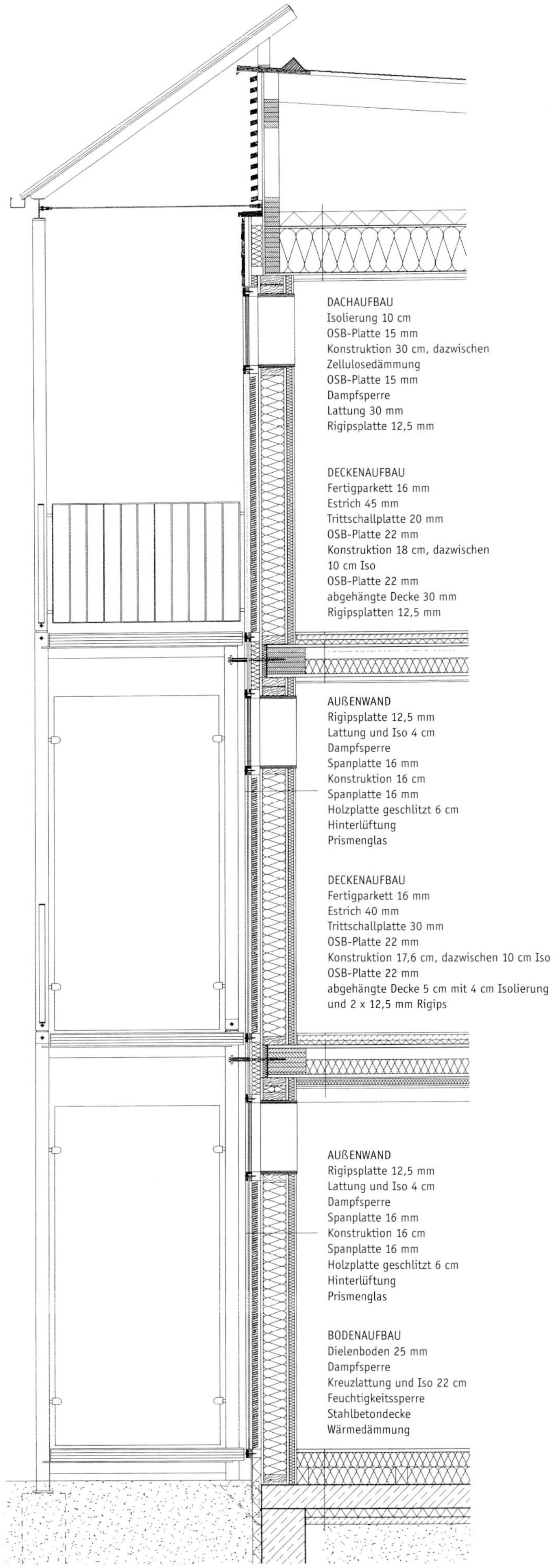
DACHAUFBAU
Isolierung 10 cm
OSB-Platte 15 mm
Konstruktion 30 cm, dazwischen
Zellulosedämmung
OSB-Platte 15 mm
Dampfsperre
Lattung 30 mm
Rigipsplatte 12,5 mm
DECKENAUFBAU
Fertigparkett 16 mm
Estrich 45 mm
Trittschallplatte 20 mm
OSB-Platte 22 mm
Konstruktion 18 cm, dazwischen
10 cm Iso
OSB-Platte 22 mm
abgehängte Decke 30 mm
Rigipsplatten 12,5 mm
AUßENWAND
Rigipsplatte 12,5 mm
Lattung und Iso 4 cm
Dampfsperre
Spanplatte 16 mm
Konstruktion 16 cm
Spanplatte 16 mm
Holzplatte geschlitzt 6 cm
Hinterlüftung
Prismenglas
DECKENAUFBAU
Fertigparkett 16 mm
Estrich 40 mm
Trittschallplatte 30 mm
OSB-Platte 22 mm
Konstruktion 17,6 cm, dazwischen 10 cm Iso
OSB-Platte 22 mm
abgehängte Decke 5 cm mit 4 cm Isolierung
und 2 x 12,5 mm Rigips
AUßENWAND
Rigipsplatte 12,5 mm
Lattung und Iso 4 cm
Dampfsperre
Spanplatte 16 mm
Konstruktion 16 cm
Spanplatte 16 mm
Holzplatte geschlitzt 6 cm
Hinterlüftung
Prismenglas
BODENAUFBAU
Dielenboden 25 mm
Dampfsperre
Kreuzlattung und Iso 22 cm
Feuchtigkeitssperre
Stahlbetondecke
Wärmedämmung

Die Südfassade mit farbigen Dämmelementen

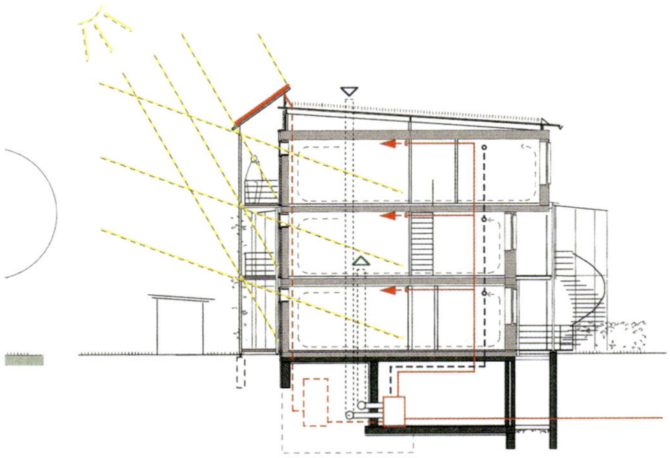

Querschnitt

Geschoßweise Montage der Wandtafeln

Freundliches Entree: der geschützte Laubengang

Detail Knotenpunkt Laubengang

Metallverbindung der Holztafelelemente

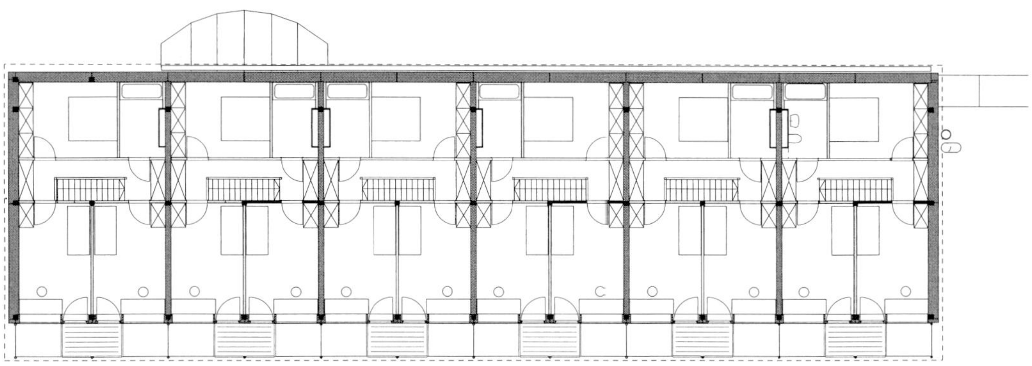

Zweites Obergeschoß

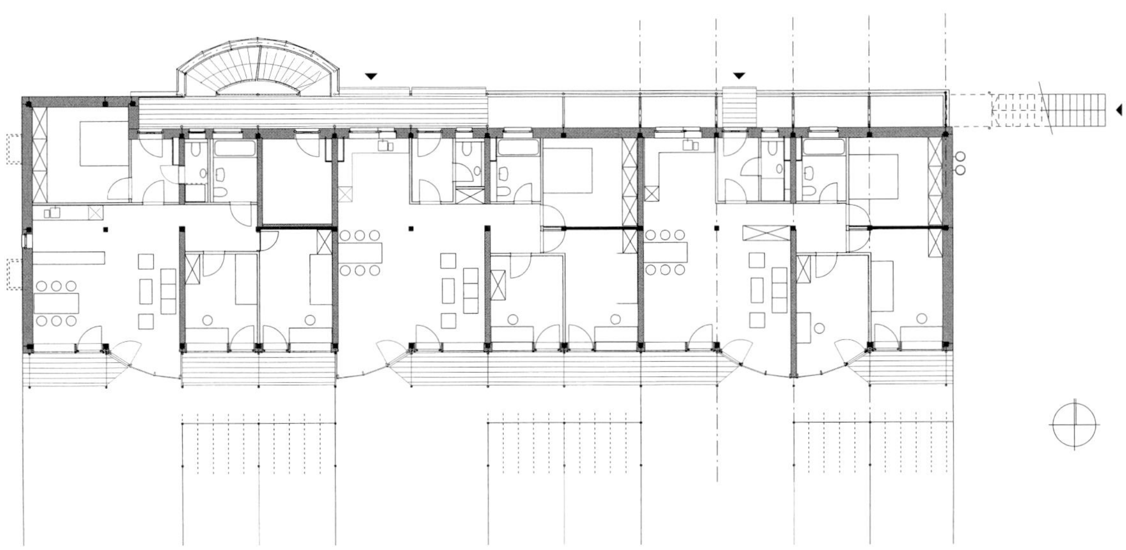

Erdgeschoß

# Dorf am Fluß

## Studentensiedlung am Saalepark in Hof
## Architekten: Bez + Kock, Stuttgart

Gebäudeecke mit schützendem Dachvorsprung

**Selbst im Rahmen der engen Richtlinien für Studentenwohnheime lassen sich ökologische Qualitäten erreichen. Wann und wo sonst sollen schließlich junge Menschen mit nachhaltigem Bauen vertraut gemacht werden?**

Wie ein Teppich wurden die Pavillons dieser Siedlung auf einer ehemaligen Industriebrache in den grünen Landschaftsraum des Saaleufers nahe dem Saalepark plaziert: Die Häuser sind gegeneinander versetzt und formen so abwechslungsreiche Zwischenräume. Ein öffentlicher Fußweg führt durch die, dank Tiefgarage, autofreie Siedlung. Am zentralen, mit Platanen bepflanzten Platz steht das Gemeinschaftshaus mit der Verwaltung.

Je zwei Häuser werden durch ein gemeinsames Treppenhaus erschlossen, das auf einer begrünten Dachterrasse mündet. Maximal 25 Menschen wohnen an einem solchen Treppenhaus. Die Verteilung der 230 Wohneinheiten auf Häuser gibt der Anlage einen privaten, fast dörflichen Charakter – nur kein Wohnheim, lautete die Devise der selbst noch jungen Architekten, die den Auftrag über einen gewonnenen Wettbewerb erhielten. Ihr Entwurf wurde 2001 unter 431 Beiträgen ausgewählt!

Je zur Hälfte besteht die Anlage aus Einzelappartements und Wohngemeinschaften von zwei bis vier Studenten, die sich um eine gemeinsame Küche gruppieren. 3,80 Meter Achsmaß machen die Appartements flexibel möblierbar. Geschoßhohe vorgefertigte Fassadenelemente aus unbehandelter sibirischer Lärche integrieren Schreibtisch, Regal und einen Balkon auf kleinstem Raum und schaffen einen großzügigen Eindruck.

Ansicht einer Wohneinheit

Eine kontrollierte Abluftanlage saugt in den innen liegenden Bädern und in der Pantry-Küche die Luft ab. Ein Gasbrennwertkessel temperiert die Räume, für Warmwasser sorgt eine zentrale, 85 Quadratmeter große Vakuumröhrenanlage auf dem Gemeinschaftshaus, die einen 3000 Liter fassenden Latentwärmespeicher speist. Alle 230 Naßzellen und die Gärten werden mit Regenwasser aus einer achtzig Kubikmeter großen Zisterne in der Tiefgarage versorgt.

Bauherr: Studentenwerk Oberfranken, Bayreuth
Architekten: Bez + Kock, Stuttgart, Martin Bez, Thorsten Kock
Mitarbeit: Eva Wanner (Projektarchitektin), Alexandra Weis, Birgit Häußermann, Toni Kovacevic; örtliche Bauleitung: Architekturbüro Scherzer, Erlangen
Konstruktion, Energiekonzept: Kombination aus Massivbau (Ringofenziegel) mit Holz-Glas-Fassaden, Jahreswärmebedarf der Anlage ca. 260 kW, kontrollierte Abluftanlagen für alle Zimmer, Brennwertgaskessel, zentrale thermische Solaranlage mit 85 $m^2$ Vakuumröhrenkollektoren, 3000-l-Latentwärmespeicher, Regenwassernutzung für WCs und Garten über 80-$m^3$-Zisterne in der Tiefgarage
Wohnfläche: 4446 $m^2$ (230 Zimmer)
Baukosten: 12,6 Mio Euro
Bauzeit: 2002–2004
Standort: Fabrikzeile 26, D-95028 Hof

Querschnitt, Maßstab 1 : 500

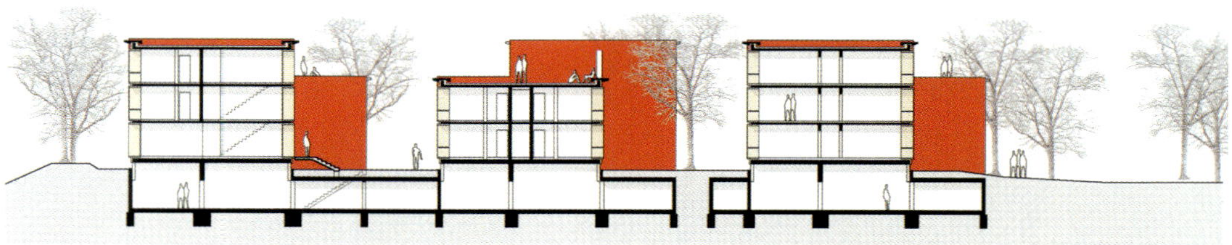

Der Platz am Gemeinschaftshaus

Gesamtansicht vom Fluß

Gesamtgrundriß Erdgeschoß, Maßstab 1 : 500

Die Staffelung der Häuser an der »Dorfstraße«

Eingang zu zwei Häusern

Sechs kompakte Wohneinheiten, Fassadenausschnitt

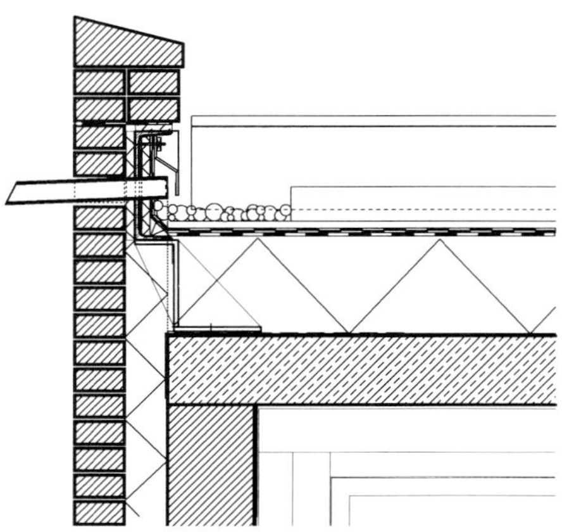

Detail Dachrand Nord- und Südseite

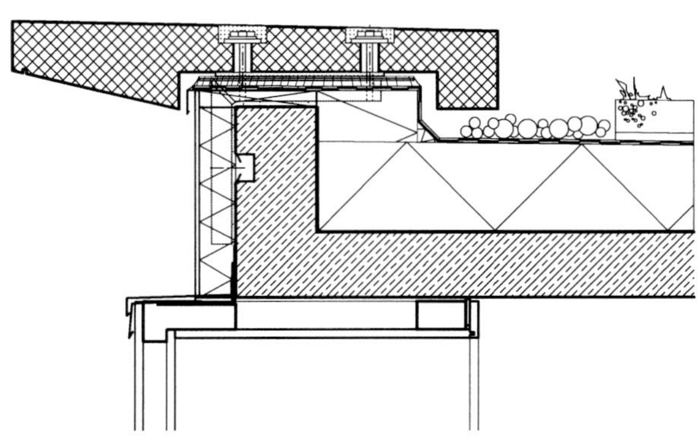

Detail Dachrand Ost- und Westseite

# Offen zur Landschaft

## Reihenhaussiedlung »Am Laubiboden« in Liestal
## Architekt: Peter Baeriswyl, Basel

**Am Rand der Agglomeration Basel entstand die kleine Siedlung »Am Laubiboden« aus dreizehn Passivhäusern an einem sanften Nordhang. Sie besteht aus zwei verschiedenen Reihenhaustypen, die komplett aus Holz errichtet wurden.**

Der Architekt Peter Baeriswyl hat sich in der deutsch-schweizerischen Grenzregion mit Energiesparhäusern aus Holz einen Namen gemacht. So realisierte er in Freiburg im Breisgau eine große Passivhauswohnanlage im Musterstadtteil Quartier Vauban, in der er auch selber wohnt, was für einen Planer neuartiger Häuser stets Zeichen eines guten Gewissens ist. Daher stieß Baeriswyls Idee, im Kanton Basel Landschaft eine Passivhaussiedlung zu bauen, auch auf offene Ohren. Der Kanton ist seit langem Vorreiter bei Energiesparmaßnahmen, Bauherren bekommen hier für ein zertifiziertes Passivhaus von 160 Quadratmetern Wohnfläche einen Zuschuß von rund 10 000 Franken.

Im Hauptort Liestal, einer Stadt mit rund 13 000 Einwohnern, fand sich ein Grundstück am Laubiboden, einem vor achtzig Jahren zugeschütteten Bachbett. Obgleich das Ortszentrum, der Bahnhof, die Autobahn und Schulen nicht mehr als zehn Minuten entfernt liegen, bewahrt das Areal eine gewisse Ländlichkeit, der sich das schlichte Holzbauensemble einzufügen versucht. Die angrenzende lockere Bebauung stammt aus den siebziger Jahren.

Von diesem Kontext übernahm man die städtebauliche Ausrichtung der Häuser – zum Zeitpunkt des Bauantrags war für Passivhäuser noch die Nord-Süd-Orientierung Pflicht. Dies hat sich inzwischen als unnötig erwiesen, da die Minimierung der Energieverluste eine weit wichtigere Rolle spielt als die solaren Energiegewinne. So sehen die Häuser der Siedlung im Plan aus wie Standardreihenhäuser, die Gärten der einen Zeile grenzen an die Eingänge der anderen – nur ein denkmalgeschützter Stall am oberen Ende einer der Gassen »stört« diese Anordnung und sorgt als Kinderspielplatz für mehr Gemeinschaftssinn. In Wirklichkeit sind die Grenzen der einzelnen Handtuch-Territorien indes nicht mit Zäunen gezogen, nur die Terrassen an den Häusern sind abgeteilt.

Der Zwang zur Kompaktheit hat zwei der vier Zeilen als reine Flachdachquader ohne Vor- und Rücksprünge geformt. Allein die fünf Häuser der nördlichen Zeilen sind, wie zuvor die Reihenhäuser in der Freiburger Siedlung, versetzt angeordnet und mit einem dritten Staffelgeschoß versehen, das den Bewohnern eine große Dachterrasse als besser geschützten Freiraum bietet.

Die Grundrisse beider Haustypen sind in Nord-Süd-Richtung klar in drei Zonen gegliedert: Eingang und Nebenräume mit kleinen Öffnungen im Norden, zentraler Block mit quer liegender einläufiger Treppe und WC, Wohnräume hinter geschoßhohen Fenstertüren im Süden. Das Attikageschoß ist als ganzes offen gehalten. Alle Häuser sind unterkellert, wobei die Keller thermisch abgetrennt sind und über eine Außentreppe verfügen. Eine zentrale Tiefgarage wurde in den Hang geschoben, befahrbare Wege führen zu den Hauseingängen.

Oberhalb der betonierten Keller (Bodenplatte und Wände) bestehen die Deckenkonstruktionen aus Hohlkastenelementen, 44 Zentimeter stark zum Erdgeschoß, dreißig Zentimeter zu den Obergeschossen. Auch das hinterlüftete und extensiv begrünte Dach (vierzig Zentimeter dick gedämmt) ist auf diese Weise ausgeführt. Die vierzig Zentimeter starken Außenwände wurden als vorgefertigter Holzrahmenbau errichtet, sie sind mit Fichten-Dreischichtholzplatten verkleidet, die von Haus zu Haus unterschiedlich lasiert wurden – auch dies eine Parallele zur Freiburger Siedlung. Pflegeleichte, dreifach verglaste Holz-Metall-Fenster mit einem hohen Anteil an Festverglasung, im Norden unregelmäßig versetzt, im Süden symmetrisch streng geordnet, prägen das Gesicht der Siedlung, das gewiß durch individuelle Zutaten der Bewohnerschaft bald eine lebendige zweite Schicht bekommen wird. Zentral gesteuerte Lamellenstores sorgen für den nötigen Sonnenschutz der südlichen Öffnungen.

Die Haustechnik wurde passivhaustypisch konzipiert, mit kontrollierter Zu- und Abluft sowie einer neuartigen Form der Erdreich-Vorerwärmung in nur 25 Millimeter starken, mit Wasser gefüllten Leitungen. Zum Teil wurden Solarkollektoren zur Brauchwassererwärmung installiert. Das Regenwasser wird in einem Regenwasserbecken gesammelt und versickert.

Bauherren: 13 Einzelbauherren
Architekt: Peter Baeriswyl, Basel
Konstruktion, Energiekonzept: Passivreihenhäuser in vorgefertigter Holzrahmenkonstruktion, kontrollierte Lüftung mit Nachheizregister, Heizwärmebedarf 8,5 kWh/m²a, teilweise Solarkollektoren für Brauchwasser, Regenwasserversickerung
Wohnfläche: 123/143/161 m²
Baukosten schlüsselfertig: 3800–4200 sFr/m² Wohnfläche
Fertigstellung: Dezember 2004
Standort: Laubibergstraße 1–13, CH-4410 Liestal (Schweiz)

Blick aus Südwesten;
vorn der erhaltene Stall
Die Häuser mit Staffelgeschoß
von der Straße im Südosten

Terrassenaufbau:
von oben nach unten:

Douglasienrost 27 x 100 mm
Schiftungslatte von 10 - 18 cm
Gummischrottmatte 10 mm
Contec-Folie
Zimentgebundene Spanplatte 18 mm
Schiftungslatte von 10 - 14 cm
OSB 24 mm
Steg 60 x 260 mm
Mieralwolle 2 x 130 mm
3-S-Platten 27 mm B/C

Zwischendecke:
von oben nach unten:

Klebeparkett 10 mm
B/FB Industrie 60 mm
Trittschallisolation 10 mm
OSB 25 mm / Kerto 27 mm
Steg BSH 60 x 260 mm
Mineralwolle 60 mm
3-S-Platten B/C 27 mm

Boden:
von oben nach unten:

Klebeparkett 10 mm
B/FB Industrie 60 mm
Trittschallisolation 10 mm
OSB 24 mm
Steg BSH 40 x 360 mm
Mineralwolle 2 x 180 mm
OSB 18 mm

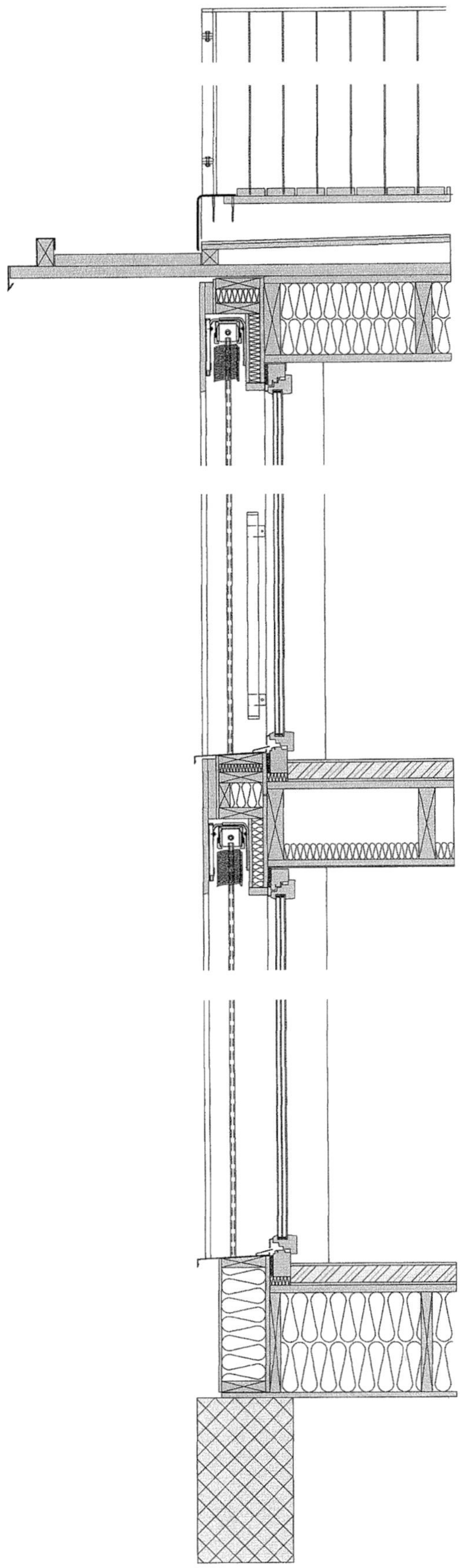

Fassadenschnitt Südseite

Haustyp mit Staffelgeschoß

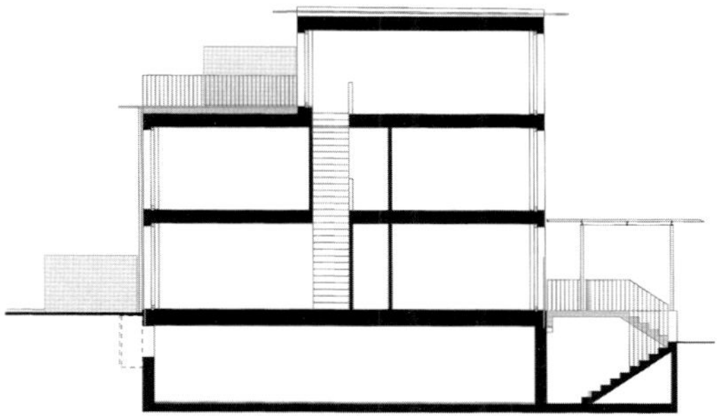

Querschnitt

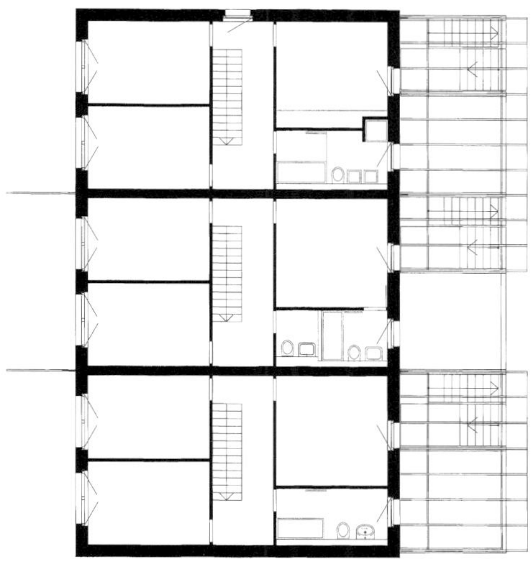

Obergeschoß

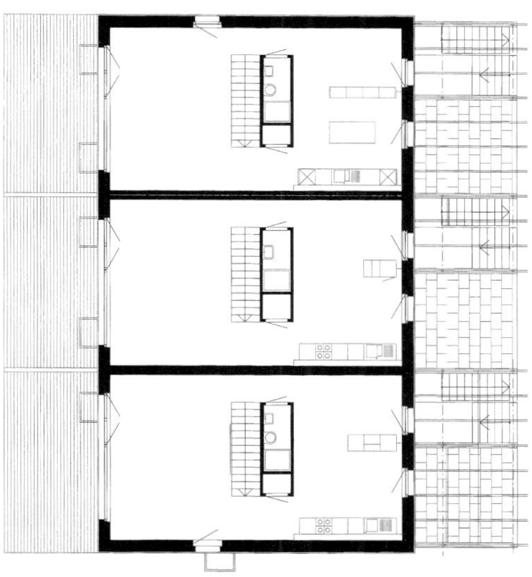

Erdgeschoß

Haustyp ohne Staffelgeschoß

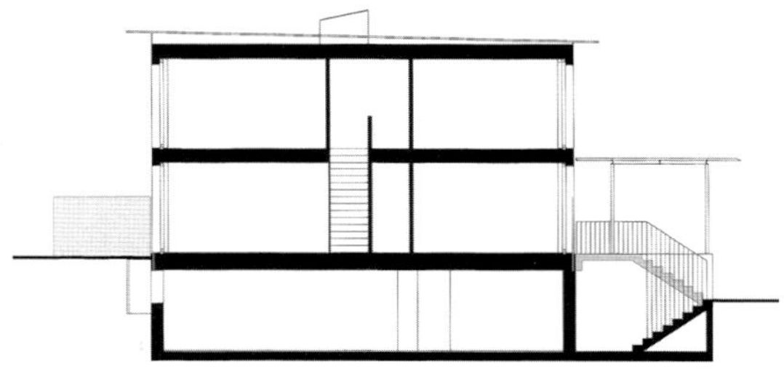

Querschnitt

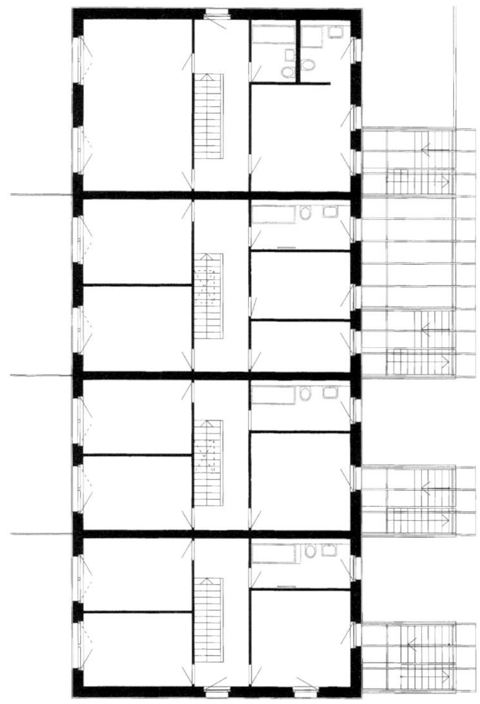

Obergeschoß

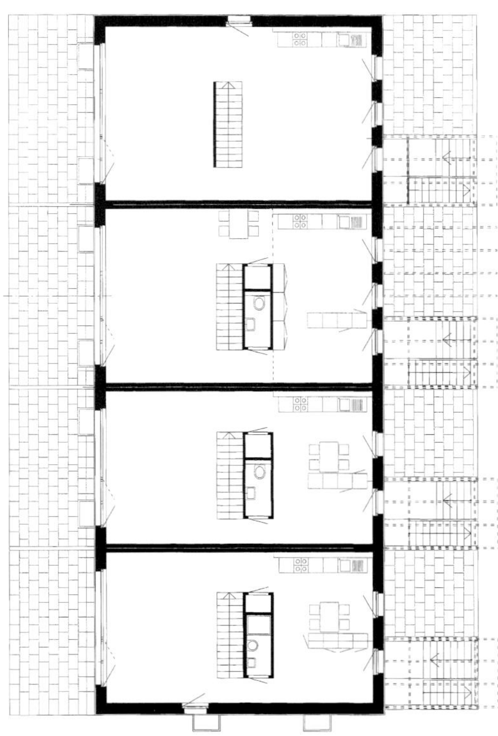

Erdgeschoß

Die geschlossene Rückseite der Häuser

Lageplan

Gesamtübersicht aus Südwesten

Innenräume

# Gemeinsam geplant

## Wohnanlage in der Siedlung Tannenhof in Konstanz
## Architekt: Martin Wamsler, Markdorf

Blick von Südwesten auf die Gartenseite

**Ressourcen sparen auch im Siedlungsbau war das Ziel der Bebauung des stadtnah gelegenen Gebiets. Zudem sollte das soziale Miteinander gefördert werden. Der Lernprozeß fand zu einem auch architektonisch bemerkenswerten Ergebnis.**

Ein Teil des Baugebiets »Tannenhof« wurde aufgrund eines städtebaulichen Wettbewerbs als »Experimenteller Wohnungsbau« im Passivhausstandard ausgewiesen. Jedoch unterblieb eine vorherige Grundlagenuntersuchung. So wurde die Verschattung der Gebäude untereinander und durch den nahen Wald nicht bedacht.

Für das Experiment wurden Bauherren gesucht, die sich in Bauherrengruppen organisieren und mit ihrem Architekten eine grobe Vorplanung bei der Stadt Konstanz einreichen mußten. Nach einer Vorauswahl konnten fünf Architekturbüros allen Bewerbern in einer »Architektenbörse« ihre Konzepte, Ideen und Referenzen vorstellen. Die feststehenden und die noch ungebundenen Bauherren konnten sich ihren Architekten, ein Grundstück mit Architekten oder nur ein Grundstück auswählen – das Vergabechaos war somit perfekt! Keiner der Bauherren wußte zu diesem Zeitpunkt, ob er überhaupt jemals dort bauen konnte! Im November 2001, ein Jahr nach der Konzepteinreichung, stand für den Architekten schließlich fest, daß er mit acht Bauherren in der »ersten Reihe« bauen durfte.

Das Gebäude für die acht Familien besteht aus fünf Reihenhäusern und einer Dreier-Einheit (eine behindertengerechte Erdgeschoßwohnung und zwei darüber liegende Maisonetten). Änderungen durch die Prüfstatik (Erdbebenzone III) sowie durch Nutzerwünsche – kein Grundriß ist wie der andere – führten zu statischen und architektonischen Herausforderungen. Es entwickelte sich eine Typologie, die ein energetisches und konstruktives Grundgerippe darstellt, das möglichst viele Nutzungsmöglichkeiten für die Bewohner offen hält.

Das Gebäude ist mit all seinen Aufenthalts- und Schlafzimmern südorientiert, Nebenräume sind nach Norden ausgerichtet. Es gibt keine innen liegenden Räume. Diese Zonierung ist auch in der Fassadengestaltung ablesbar: Im Süden dominieren große Öffnungen, während sich im Norden eine »Chaosfassade« nach den individuellen Wünschen der Bewohner ergab.

Bewußt wurden keine Balkone (so wie bei den Nachbarn) vorgesetzt, denn bei einer notwendigen Tiefe von mindestens 2,20 bis 2,50 Metern wäre eine zu große Verschattung für die Erdgeschosse entstanden.

Die konstruktiven Vorgaben in der Dreiergruppe (nur eine feste Innenstütze pro Achse) ließen vielfältigste Variationen offen. Die Reihenhäuser erhielten frei gespannte Decken und ermöglichten unendliche Varianten, die von den Bauherren auch köstlich ausgenutzt wurden. Alle Zimmer sind als Eltern- oder Kinderzimmer möblierbar, so daß eine möglichst große Variabilität entstand. Durch das Prinzip der »nichttragenden Innenwände« können zusätzliche Wände später eingebaut werden (Familienzuwachs) oder überflüssige Wände wieder entfernt werden (Kinder ziehen aus).

Das Team von Fachplanern konnte erst Zug um Zug beauftragt werden, da ja keiner der Bewohner wußte, ob er jemals eine Zusage für das Grundstück bekommen würde, und frühzeitige Ausgaben akzeptierte. So wurden der H-L-S- und der Tragwerksplaner erst zwei Monate vor Baugesuchsabgabe beauftragt, als das Konzept also schon längst stand. Der Geologe wurde zwei Monate vor Baubeginn beauftragt! Diese fehlenden Grundlagenuntersuchungen führten dann natürlich zu einigen Problemen: Grundwasserstand 1–1,5 Meter über der Schätzung, statische Aussteifungen im Erdbebengebiet III führten zu anderen Wandaufbauten, und der Prüfstatiker hatte auch noch »Sonderwünsche«.

Wegen dieser unüblichen Vorgehensweise wurden erfahrene Firmen zur Abgabe von Angeboten aufgefordert. Mit der Holzbaufirma »Renggli« wurde das führende Holzbauunternehmen der Schweiz gefunden, das im Passivhausbau sowie im mehrgeschossigen Wohnbau die größte Erfahrung hatte. Ab der Beauftragung ging es rasch in die Produktion und die Konzentration von Detailplanung, Statik und Erfahrung führte zu einer schnellen Aufnahme der Bauarbeiten. Am 19. August 2002 feierten alle Bauherren den lang ersehnten Baubeginn. Der massive Keller, der nach Baugrunduntersuchungen ca. 1,50 Meter im Grundwasser stehen wird, wurde fertiggestellt, und am 28. Oktober schwebten die ersten Holzfertigteile ein. Durch die maximale Vorfertigung – Wandteile komplett mit Fenster, Simsen, Bekleidung und innen fertig zum Malern – konnte das gesamte Gebäude mit drei Vollgeschossen und fünfzig Metern Länge innerhalb von sechs Wochen aufgestellt werden. Die acht Einheiten wurden noch im Dezember 2002 »rohbaufertig« und im Prinzip bezugsfertig. Je nach Eigenleistungsanteil wurden die Einheiten in den weiteren Monaten fertiggestellt.

Der Wunsch einiger Bauherren, mit maximalen Eigenleistungen die Baukosten zu senken, konnte durch eine konsequente Trennung von Roh- und Ausbau umgesetzt werden. In Eigenleistung wurden zum Beispiel die folgenden Arbeiten ausgeführt: gesamter Bodenaufbau über den »Rohbaudecken«, Spachtel- und Malerarbeiten von Wänden und Decken, Innenwände, Elektroarbeiten, Außenanlagen mit Holzterrassen, Rollrasen und Begrünung mit Büschen und Bäumen.

Ein gemeinsames Projekt in dieser, für jeden unbekannten Form als »Bauherrengemeinschaft« zu wagen, war sicherlich das eigentlich Herausfordernde. Es gehörte ein langer Atem dazu, diese juristischen, bauordnungsrechtlichen und nicht zuletzt persönlichen Herausforderungen zu meistern. Betrachtet man heute das Ergebnis, hat es sich aber gelohnt! Die Freundschaften, die daraus hervorgegangen sind, stabilisieren sichtbar das Wohnumfeld, das trotz der relativen Enge phantasievoll »angeeignet« scheint.

Perspektive aus Südosten
und aus Süden mit Nebengebäuden

Für den Planer hat sich das »experimentelle Bauen« hauptsächlich in der Organisation und Durchführung abgespielt, wobei der Zeitdruck zum Glück die oft endlosen Diskussionen schnell auf den Punkt gebracht hat. So wurde hier Vorarbeit für hoffentlich weitere städtebauliche Projekte geleistet, die ökologisch ein Muß sind: Was sich sonst auf der fünffachen Grundfläche am Ortsrand breitmacht, ist hier sinnvoll kompakt und mit Bus und Fahrrad für jeden erreichbar geplant und umgesetzt worden. Durch die $CO_2$-neutrale und zukunftssichere Pelletheizung wird die Umwelt enorm entlastet. Ökologie und Ökonomie gehen dabei Hand in Hand: Die Heizkosten inklusive Brauchwassererwärmung für eine vierköpfige Familie mit 150 Quadratmetern Wohnfläche liegen bei etwa 150 Euro pro Jahr. Das gemeinschaftliche Bauen sparte zudem die nicht unerheblichen Bauträgerprofite.

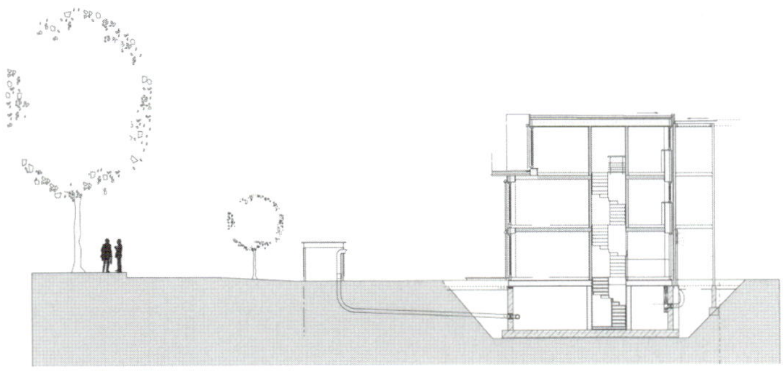

Querschnitt
Ausschnitt der Ostfassade mit Dach des Laubengangs und Kollektoren

Bauherren: acht Familien in Bauherrengemeinschaft
Architekt: Martin Wamsler, Markdorf; Mitarbeit: Rita Schollenberger, Werner Schoch, Yvonne Oechsle, Frank Hilbert
Haustechnik: Ingenieurbüro Andreas Gerlach, Rielasingen
Tragwerksplanung: Renggli AG, Schötz (Schweiz)
Konstruktion, Energiekonzept: Holzbau mit pro Wohnung separater, kontrollierter Be- und Entlüftung mit Erdwärmetauscher, Lüftungsanlage jeweils im Keller, zentrale Pelletheizung als Restheizung im Kellergeschoß der Dreier-Einheit; solarer Beitrag durch ca. 40 $m^2$ Solarkollektoren auf dem Flachdach, 25 $m^3$ Pelletlager im UG; Verbrauch 13,0 $kWh/m^2a$
Wohnfläche: 1184 $m^2$ (innerhalb der thermischen Hülle) auf 1178 $m^2$ Grundstück
Bauzeit: 8–12/2002
Baukosten: kostengünstig
Standort: Siedlung Tannenhof, D-78464 Konstanz

Balkone/Loggien mit Aufgang
zur Dachterrasse
Hofperspektive mit Lauben-
gang und individueller
Fassadengliederung

Gartenansicht

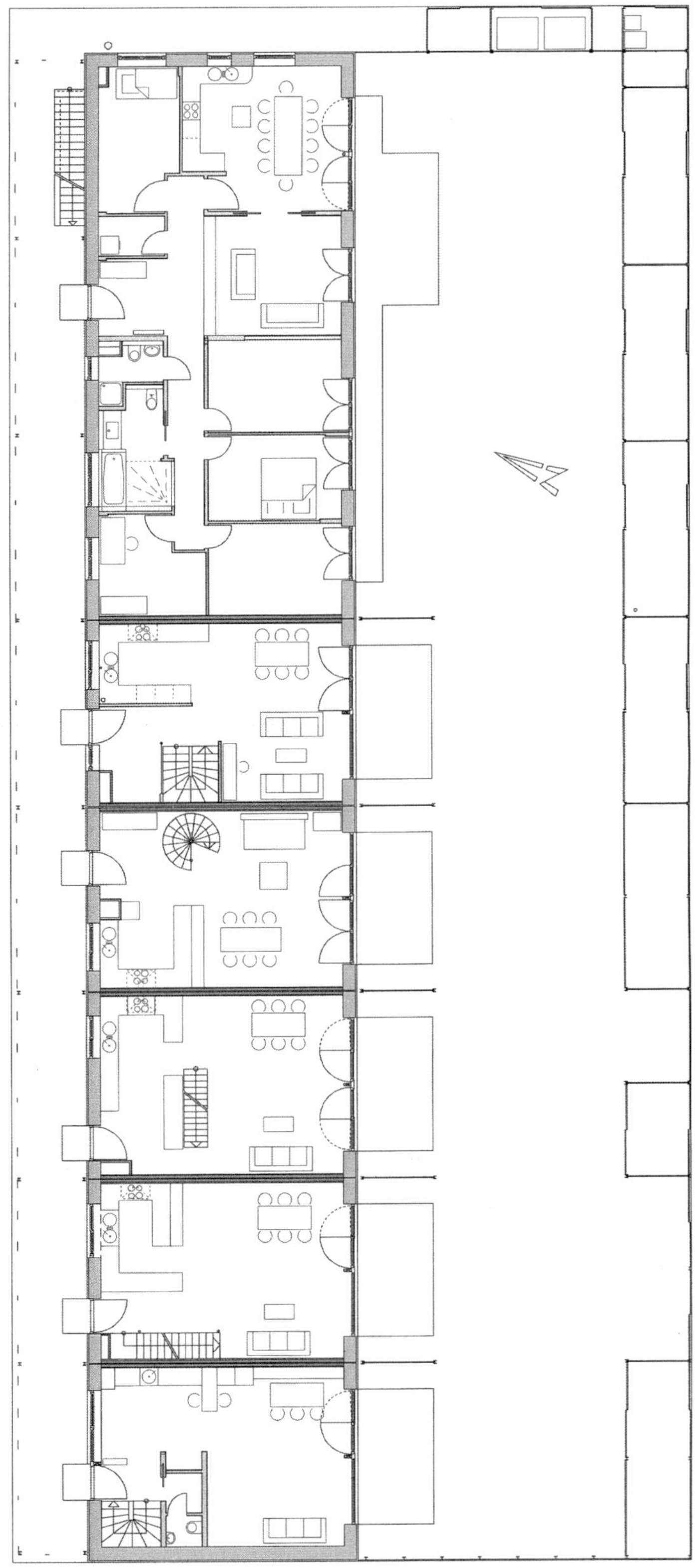

Erdgeschoß

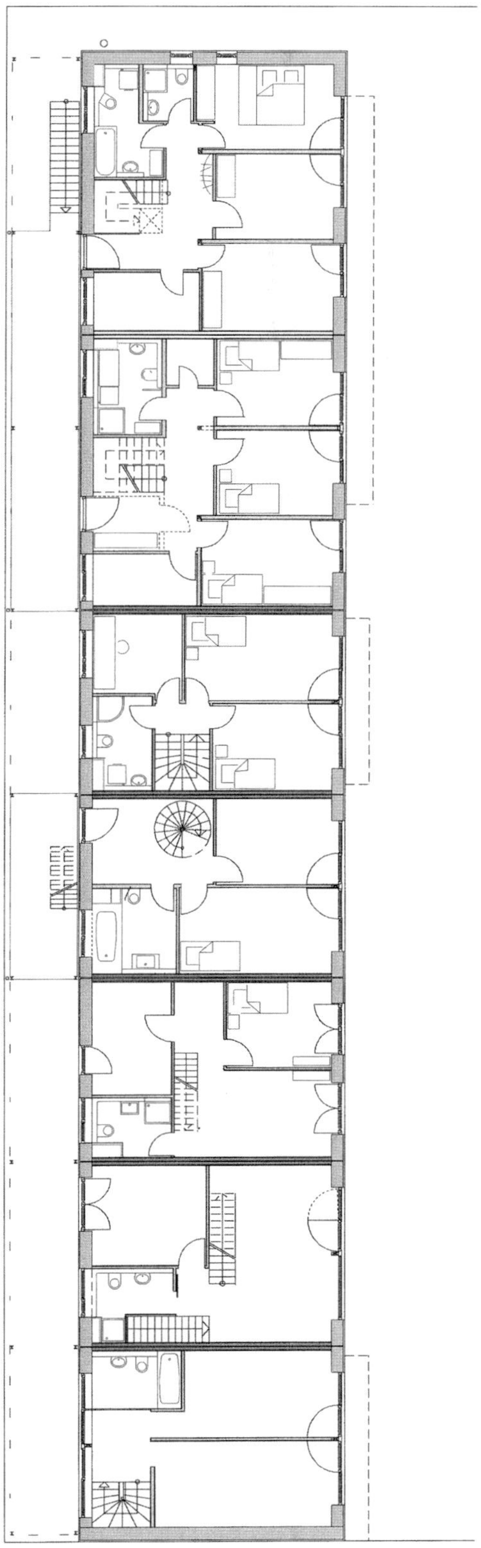

1. Obergeschoß

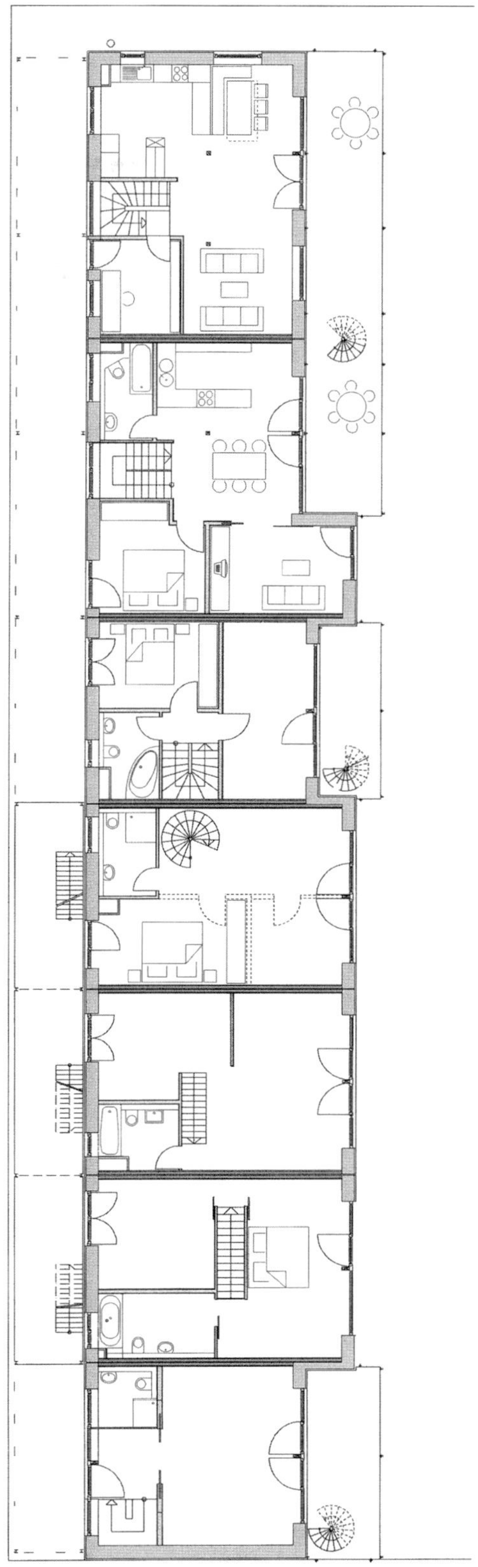

2. Obergeschoß

# Eine Ecke in der Stadt

## Mehrfamilienhaus in Tübingen
## Architekten: Planungsarge loretto 12, Plathe Riedel Schlierf Sonnenmoser, Tübingen

**Energiesparhäuser sollten bei möglichst großem Volumen möglichst wenige Außenwände haben. Die üblichen Bauweisen vorausgesetzt, geht es kaum noch kompakter als hier – ein Plädoyer für die Stadt der kurzen Wege.**

Das Mehrfamilienhaus mit Ladenflächen im Erdgeschoß nimmt im Tübinger Konversionsgebiet eine Südwestecke ein. Seitlich ist es von anderen Häusern »eingepackt«, so daß die verbleibenden Fassaden über große Fenster und Wintergärten solare Gewinne »erwirtschaften« können. Das Haus wurde daher mit einem innen liegenden Tragsystem errichtet – massiver Kern mit Betondecken als Speichermasse, Querwänden und Stützen –, die Fassaden sind nichttragend und als hochgedämmte Holztafelelemente im Werk vorgefertigt worden.

Bis zu vierzig Zentimeter Zellulosedämmstoff (die sogenannte »Superdämmung«), Dreischeibenverglasung, Lüftungsanlage mit Erdreichwärmetauscher und Wärmerückgewinnung sowie eine große, bei Bedarf noch von einem Pelletheizkessel unterstützte Solaranlage auf dem Dach machen das Haus vollends zu einem Muster an Sparsamkeit, vom geringen Verbrauch an Bauland und Straßen zur Erschließung ganz zu schweigen.

Das Ziel der Stadtplaner, auf dem ehemaligen Kasernengelände im Süden der Stadt ein in jeder Hinsicht vorbildliches Quartier entstehen zu lassen, wird mit Bauten wie diesen erreicht. Dabei ließ man den Planern und Bewohnern bei der Gestaltung ihrer Häuser bewußt freie Hand, denn es sollte ein vielfältiges, gemischtes Viertel werden.

Gesamtansicht

So ist auch dieses Haus von einer Baugemeinschaft geplant worden. Es enthält zwölf Wohnungen mit 70 bis 150 Quadratmetern und, wie zur Belebung des Quartiers vorgeschrieben, Ladenflächen im Erdgeschoß. Vor- und Rücksprünge, die wärmepuffernden Wintergärten und die Balkone gliedern den kompakten Block. Schiebeläden und Jalousien schützen die Räume vor Überhitzung. Fenster und Fenstertüren lassen sich zudem öffnen, auch wenn die Lüftungsanlage für den nötigen Luftaustausch sorgen kann. Gerade an städtischen Standorten wie diesem, wo Lärm und Luftverschmutzung die Wohnqualität beeinträchtigen, erweist sich diese Technik als sinnvoll. Daß ausschließlich umweltverträgliches Baumaterial verwendet und das Dach begrünt wurde, versteht sich im nahezu autofreien Viertel fast von selbst.

Bauherren: Baugemeinschaft loretto 12, Tübingen
Architekten: Planungsarge loretto 12, Plathe Riedel Schlierf Sonnenmoser, Tübingen
Haustechnik: Ingenieurbüro Joos, Dettingen
Konstruktion, Energiekonzept: hochkompaktes Wohn- und Geschäftshaus, Massivbau mit nichttragenden Außenwänden in Holztafelbauweise, Wintergärten; Lüftung mit Wärmerückgewinnung und Erdreichwärmetauscher, 34 $m^2$ Solarflachkollektoren für Warmwasser, unterstützt von Holzpelletheizung, Heizwärmebedarf 3087 kWh/a, Energie-Kennwert Heizung 2,4 $kWh/m^2a$, Primärenergiekennwert 39 $kWh/m^2a$; umweltverträgliche Materialien: Holzfassade und -fenster, Holzdach, teilweise begrünt
Energiebezugsfläche: 1285 $m^2$, davon 1100 $m^2$ Wohnfläche
Baukosten: 1400 Euro/$m^2$ brutto KG 300+400
Fertigstellung: 2005
Standort: Stuttgarter Straße 13, D-72070 Tübingen

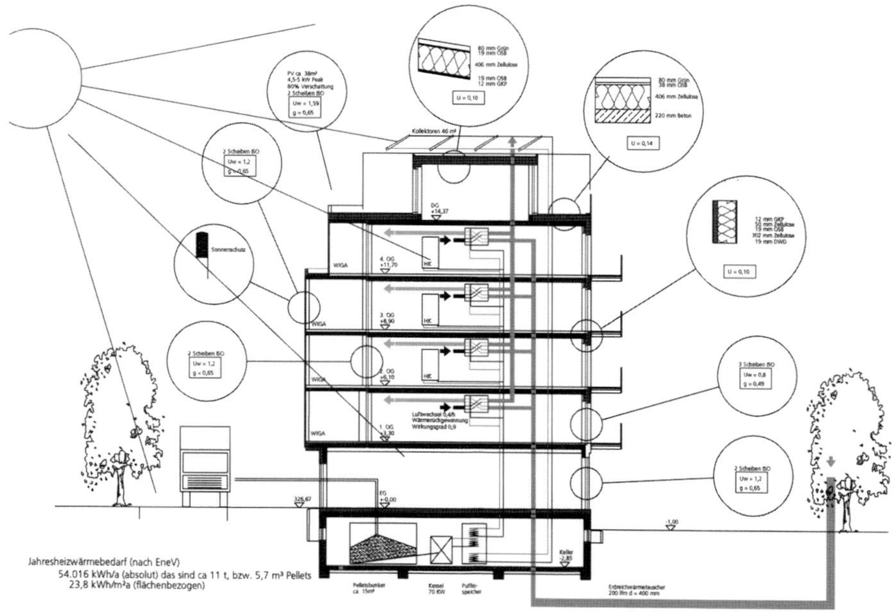


Ein rundum ökologisches Haus
Südwestansicht des Gebäudes im Juni 2005

Filigraner Sonnenschutz: die Schiebeläden aus Lärchenholzlamellen

Die Solaranlage auf dem Staffelgeschoß

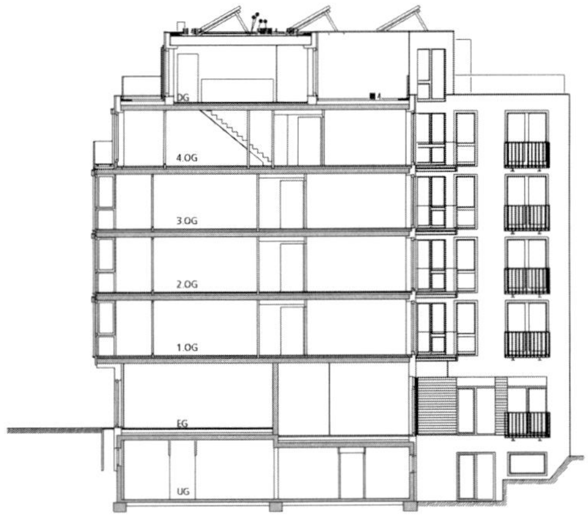


Schnitt

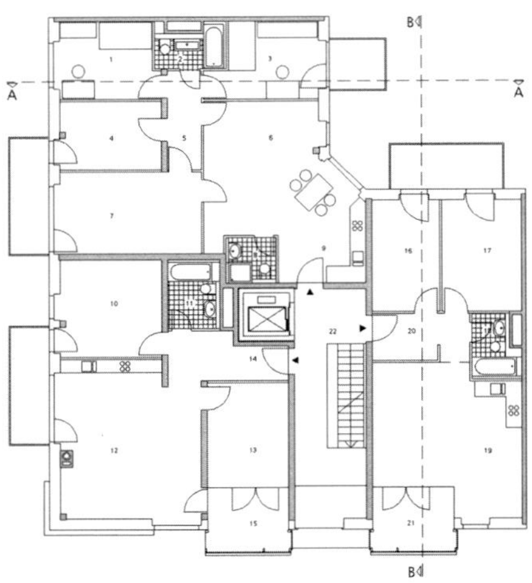

1 Zimmer
2 Bad/WC
3 Zimmer
4 Zimmer
5 Flur
6 Wohnen/Essen
7 Zimmer
8 Bad/WC
9 Küche
10 Zimmer
11 Bad
12 Wohnen
13 Zimmer
14 Diele
15 Wintergarten
16 Zimmer
17 Zimmer
18 Bad
19 Wohnen/Kochen/Essen
20 Diele
21 Wintergarten
22 Treppenhaus

Obergeschoß

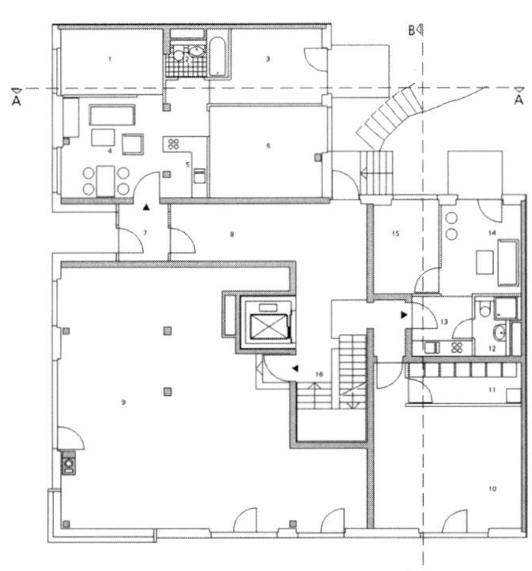

1 Zimmer
2 Bad/WC
3 Zimmer
4 Wohnen/Essen
5 Küche
6 Zimmer
7 Eingang/Windfang
8 Flur
9 Gewerbe 1
10 Fahrräder
11 Müllraum
12 Dusche/WC
13 Diele/Küche
14 Wohnen
15 Schlafen
16 Treppenhaus

Erdgeschoß

Fassadenschnitt

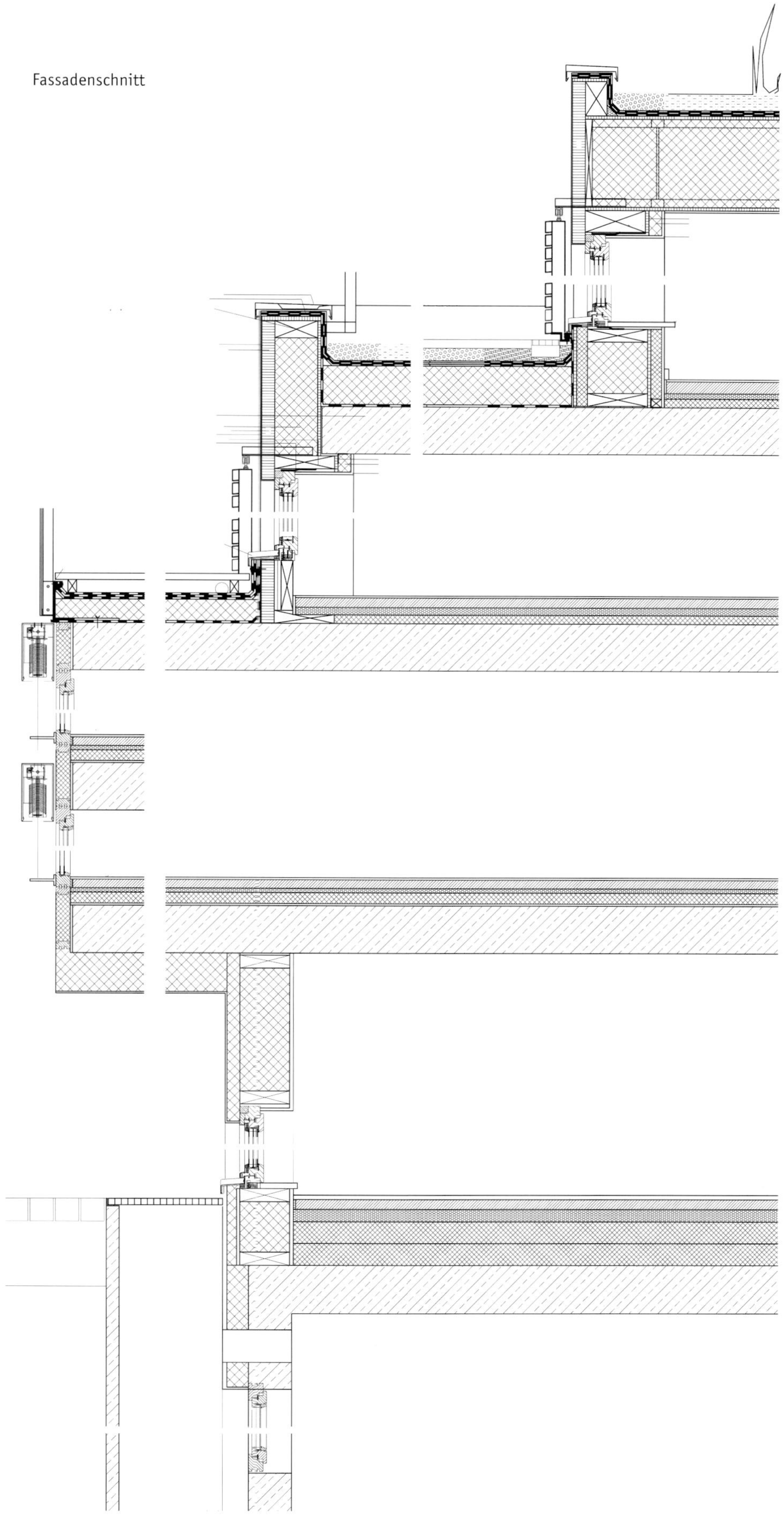

# Strohpolis

Die Strohballenwand
vor dem Verputzen

## Gästewohnhaus im Ökodorf Sieben Linden in Poppau
## Architekt: Dirk Scharmer, Lüneburg

**Strohballen eignen sich hervorragend als ökologische Wärmedämmung an Gebäuden – wenn sie richtig verwendet werden. Ein auch gestalterisch gelungenes Wohnhaus für etwa zwanzig Menschen, das eine tragende Holzkonstruktion besitzt, führt bis ins Detail vor, worauf es bei der wiederentdeckten Bauweise ankommt.**

Mit dem Projekt des Gemeinschaftswohnhauses sollte der Beweis erbracht werden, daß mit der verputzten Strohballen-Ständerbaukonstruktion auf umweltfreundliche Weise kostengünstiger, verdichteter, gesunder Wohnraum geschaffen werden kann, der modernen Anforderungen gerecht wird. Das Bauwerk wurde von der Wohnungsgenossenschaft Sieben Linden eG errichtet, die Bauarbeiten wurden von lokalen Firmen, Bewohnern des Ökodorfs, externen Fachleuten und Handwerkern ausgeführt. Insbesondere die Strohballen- und Lehmbauarbeiten hat man in Form von Seminaren und Bauwochen organisiert, bei denen interessierte Gäste beim Entstehen des Gebäudes mithelfen und dabei alle wesentlichen Eigenarten der Bauweise kennenlernen können.

Zunächst entstand auf Streifenfundamenten die Holzständerkonstruktion. Bei der Plazierung der tragenden Elemente gab es mehrere Ziele: zum einen die möglichst effektive und wirtschaftliche Ausnutzung der Trageigenschaften der Holzteile, zum anderen die konzentrierte Lastzusammenführung an einzelnen Punkten, um möglicherweise auftretende Zugkräfte zu überdrücken. Neben der Einhaltung der maximal zulässigen Querpressung (und deren Optimierung durch die Verwendung von Lastverteilern aus Hartholz) war auch die Minimierung des Gründungsaufwands gewünscht. Auf Zug belastete Anschlüsse (und damit aufwendige Metallverbindungen) wurden minimiert, indem hauptsächlich Druckstreben eingebaut wurden. Auf die Ausbildung einer Dachscheibe konnte durch die gleichmäßige Verteilung der Aussteifungen verzichtet werden. Die Deckenscheibe wurde als Diagonalschalung hergestellt.

Zwischen den Streifenfundamenten liegt eine Grobschotterschüttung, darauf eine Hanfdämmung sowie Hobeldielen und Fliesen als Fußboden. Zwischen die Holzständer wurden kleine sogenannte HD-Ballen im Format 35 x 46 x 50–100 Zentimeter eingefügt. Innen wie außen wurde ein sehr stark faserhaltiger Lehmputz (3 cm) aufgebracht. Das Pfettendach hat man ebenfalls mit Strohballen gedämmt, die Sparren sind als Hohlkastenträger in Strohballenhöhe (d = 46 + 4 cm) ausgebildet, die innen mit Flachsdämmung ausgefüllt wurden. Tondachziegel bilden die Wetterhaut.

Die Innenwände bestehen aus zehn Zentimeter starken Strohlehm-Fertigelementen, auf denen ein dünner Lehmputz (1,5 cm) aufgebracht wurde. Wichtig ist, daß das Dampfdiffusionsgefälle nach außen verläuft, die Luftdichtigkeit durch Rißvermeidung und Abklebung der Anschlüsse sowie Vermeidung von Durchdringungen gewährleistet ist. Den nötigen Wetterschutz bildet ein spezieller Kalkputz auf Lehmputz, teilweise auch eine Holzverschalung.

Der Deckenaufbau und die Außenwände erfüllen beim Brandschutz die Feuerwiderstandsklasse F 30. Die Strohballen übernehmen keine Aufgaben der Standsicherheit, wurden jedoch direkt verputzt (Lehm und Kalkputz), da man mit dieser Ausführungsart die längsten Erfahrungen hat (rund hundert Jahre in den USA).

Bauherr: Wohnungsgenossenschaft Sieben Linden eG, Poppau
Architekt: Dirk Scharmer, Lüneburg
Konstruktion, Energiekonzept: dreigeschossiges Wohnhaus in verputzter Strohballen-Ständerbauweise, Verwendung von Strohballen als Dämmstoff mit »Zustimmung im Einzelfall«, U-Wert Wände und Dach: ca. 0,15 W/m$^2$K (48 cm Strohballen), Wärmeschutzgläser U=1,1W/m$^2$K, Warmwasser: Holzvergaserheizzentrale über Nahwärmenetz, Trockentrenntoiletten zur Wassereinsparung und Stofftrennung
Wohnfläche: ca. 530 m$^2$
Baukosten: ca. 550 000 Euro inkl. Nebenkosten
Bauzeit: 12/2003–4/2005, da großteils Selbstbau im Rahmen von Bauwochen
Standort: Ökodorf Sieben Linden, D-38486 Poppau, Altmark, Sachsen-Anhalt

Gemeinschaftswerk: das von breiten Veranden und Dachüberständen geschützte Strohballenhaus mit dem Lehmputz

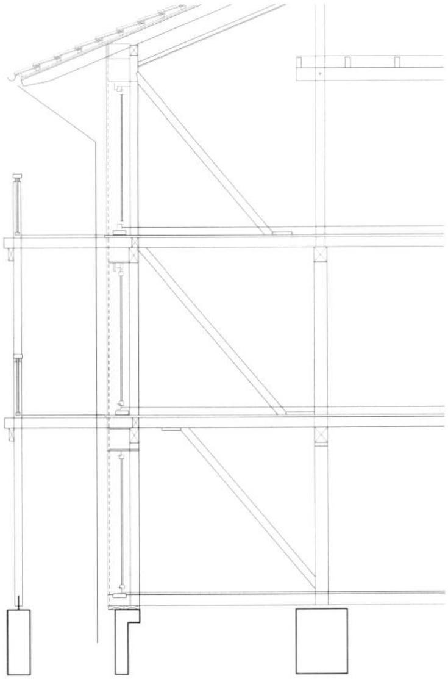

Konstruktionsaufbau (Ausschnitt)

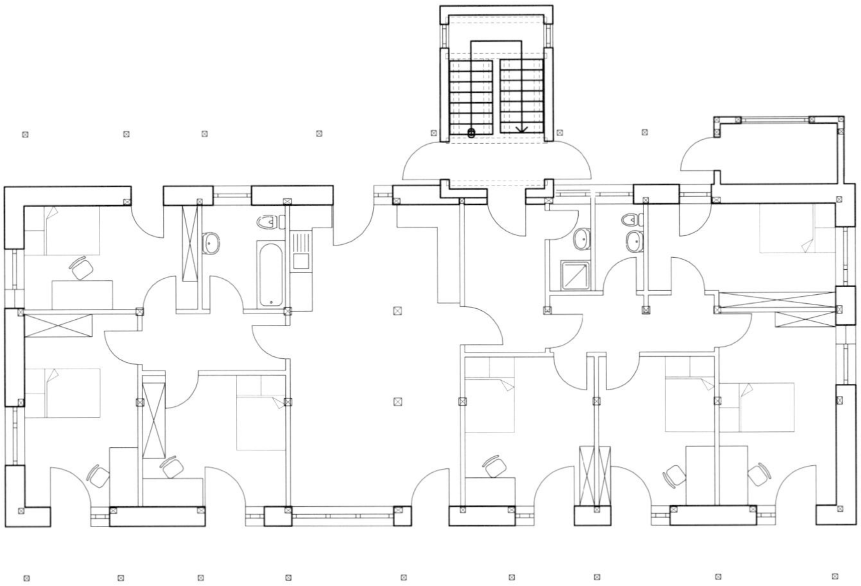

Obergeschoß

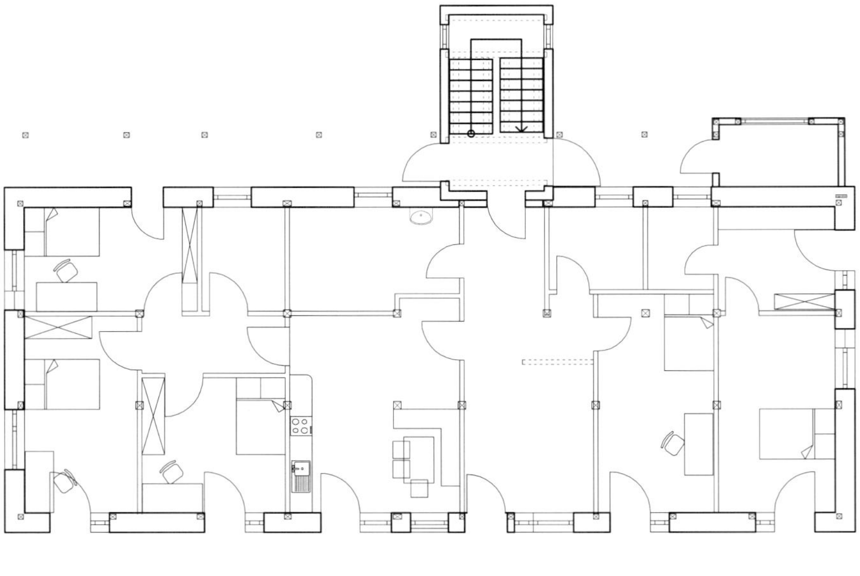

Erdgeschoß

Die Ostfassade

Strohballenwand roh
und lehmverputzt

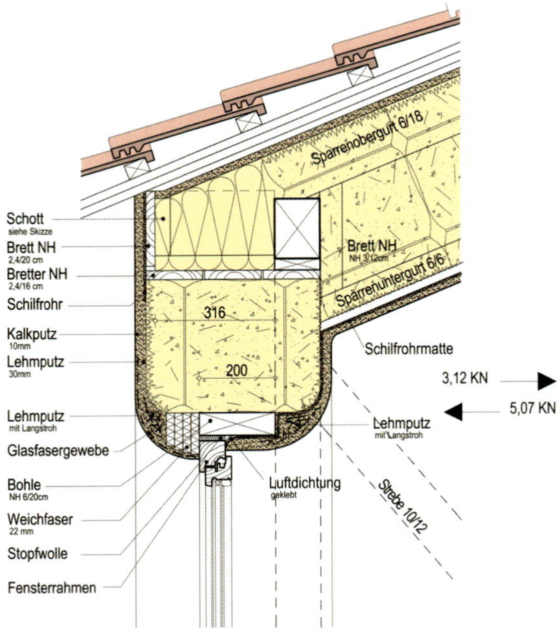


Detail Fenster/Dach

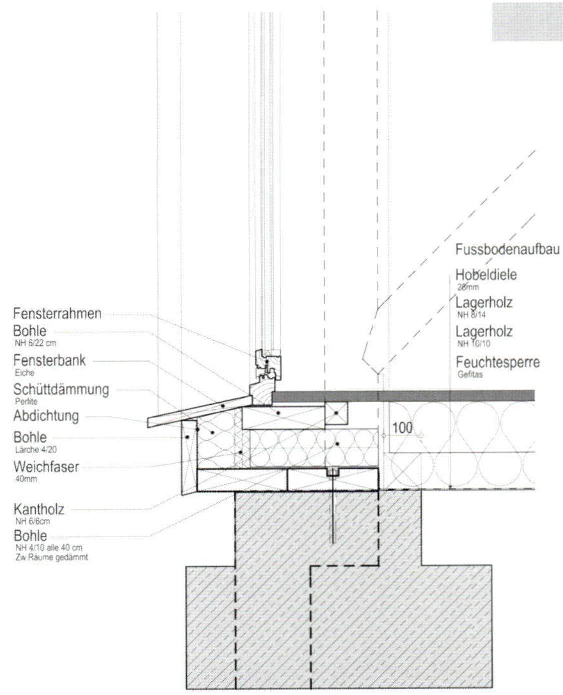


Detail Fußpunkt Fenstertür

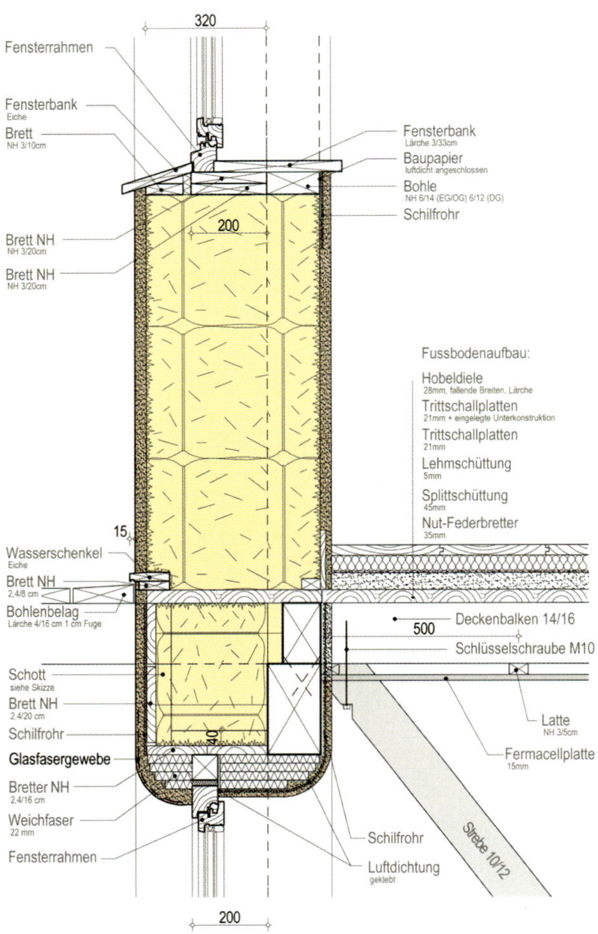


Detail Fenster/Zwischendecke

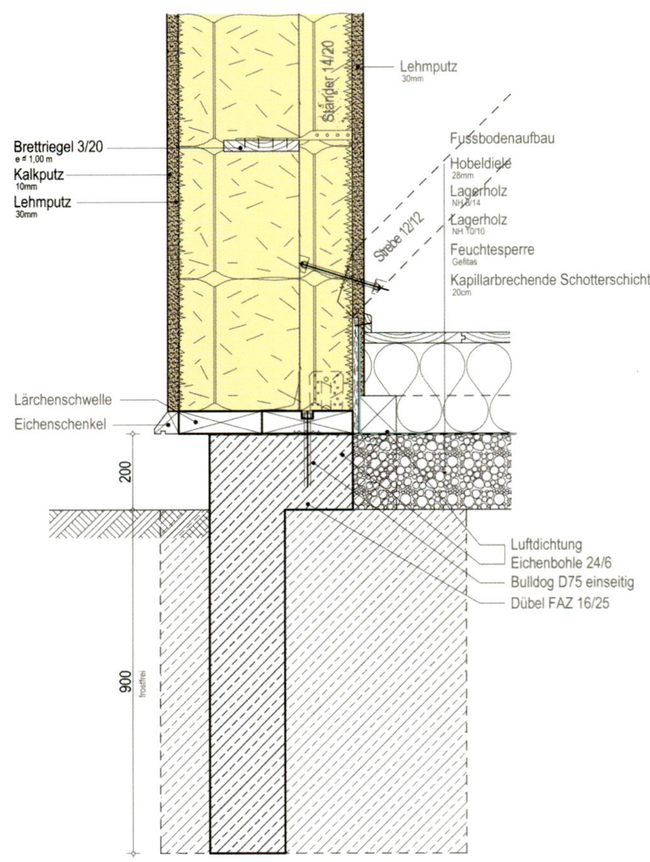


Detail Fußpunkt Außenwand

Fenstertür mit Mauerpfeiler und Dielenboden

## Adressen der beteiligten Architekten

Amrein + Giger, Ruth Giger, Crispin Amrein, Viaduktstraße 14, CH-4051 Basel, amrein.giger@tiscalinet.ch – Seite 110

Baeriswyl, Peter, Pfluggässlein 3, CH-4001 Basel – Seite 134

Bez + Kock, Ludwigstraße 64, D-70176 Stuttgart – Seite 130

dhs Architekten, Schillerstraße 15, D-72555 Metzingen – Seite 28

Haefele Architekten, Belthlestraße 29, D-72070 Tübingen, www.haefele-architekten.de – Seite 94

Hahn Helten Architekten, Schurzelter Straße 27, D-52074 Aachen, www.hahn-helten.de – Seite 116

Hanel, Ingo, Friedrich-Engels-Allee 123, D-42285 Wuppertal, hanel@wtal.de – Seite 22

Index Architekten, Markus Julian Mayer, Gollierstraße 32, 80339 München – Seite 34

k_m Architektur, Daniel Sauter, Büro Lindau: Hochbucher Weg 58, D-88131 Lindau, Büro Bregenz: Glockengiesse 2, A-6900 Bregenz, www.k-m-architektur.com – Seite 10, 64

Keller und Brandner Architekten, Egertastraße 6, FL-9490 Vaduz, Platteggweg 2, CH-9475 Sevelen, www.k-b.li – Seite 16, 76, 88

Lichtblau Architekten BDA, Söltlstraße 14, D-81545 München, www.lichtblau-architekten.de – Seite 98, 124

loretto 12+, Planungsarge, Ulrich Plathe, Dorothea Riedel, Ute Schlierf, Klaus Sonnenmoser, Holzmarkt 7, D-72070 Tübingen – Seite 146

Nebel Pössl Architekten, Riehler Straße 31, D-50668 Köln – Seite 60

Joachim Orth, freier Architekt, Jesinger Hauptstraße 108/3, D-72070 Tübingen, www.architekt-orth.de – Seite 52, 68

Proksch + Partner, Unterberg 72, D-42799 Leichlingen – Seite 84

Walter Unterrainer, Freschner-Riegelweg 26a, A–6800 Feldkirch – Seite 104

Wamsler Architekten, Martin Wamsler, Weinsteige 2, D-88677 Markdorf, www.wamsler-architekt.de – Seite 38, 72, 140

Dirk Scharmer, Wand 4 Architekturbüro, Auf der Rübenkuhle 10, D-21335 Lüneburg, info@wand4.de – Seite 152

werk.um Architekten, Rheinstraße 99, D-64295 Darmstadt, www.werkum.de – Seite 42, 56, 120

Sampo Widmann, Mittererstraße 3, D-80336 München, sampowidmann@t-online.de – Seite 48, 80

## Bildnachweis/Fotografen

nach Standorten der Projekte

Allschwil, Seite 110–115: Mathias Ehbinger, Basel; Adrano Biondo, Basel

Batschuns, Seite 104–109: Margarita Spiluttini, Wien

Biburg, Seite 48–51: Teetz

Frammersheim, Seite 42–47: Thomas Ott, Mühltal

Hard, 64–67: Markus Tretter, Lindau

Hof, Seite 130–133: Archigraphie, Steffen Vogt, Stuttgart

Karlsbad, Seite 120–123: Thomas Ott, Mühltal

Klaus, Seite 10–15: Markus Tretter, Lindau

Leichlingen, Seite 84–87: Rolf Scheffer, Solingen

Liestal, Seite 134–139: Gempeler Architekturfotografie, Bern

München-Neuriem, Seite 124–129: Wolfgang Wittmann, München

München-Solln, Seite 98–103: Wolfgang Wittmann, München

Neutsch, Seite 56–59: Johannes Marburg, Berlin

Poppau, Seite 152–157: Stefan.Ohnesorg@web.de

Reutlingen-Bronnweiler, Seite 28–33: Bernhard Müller, Reutlingen

Tübingen-Unterjesingen, Seite 52–55: Bernhard Müller, Reutlingen

Alle anderen Fotos wurden freundlicherweise von den Architekten zur Verfügung gestellt.